to Korean young readers —
Physics is the basis of
all high-tech — the future
is yours. I hope this book
gives you a good start!
Best wishes,
Rich Muller

한국의 청소년 독자들에게
물리학은 첨단 기술의 가장 기본이 되는 학문입니다.
미래는 여러분의 것입니다.
이 책이 훌륭한 출발점이 되길 바랍니다.
행운을 빌며,

−리처드 뮬러

엘리자베스, 멀린다 그리고 레일라에게

리처드 뮬러의
그림으로 배우는 물리학

리처드 뮬러의

그림으로 배우는

물리학

리처드 뮬러 지음 | **조이 맨프리** 그림
장종훈 옮김

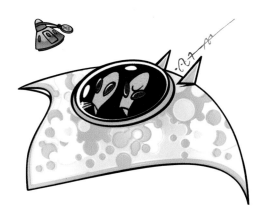

살림Friends

이 책을 조심하시라. 위험할지도 모른다. 난 여러분을 물리에 중독시킬 셈이다.

물리학 수업은 종종 매우 무미건조하고 지루하게 진행된다. 물리를 사랑하는 사람들조차도 그런 따분한 성질은 좋아하지 않는다. 다만 물리학이 가져다주는 놀라움을 좋아하고, 혼란스러운 하이테크 시대를 이해하는 데 도움을 주기 때문에 사랑하는 것이다. 그렇다. 물리도 재미있을 수 있다. 또 헷갈릴 수도, 어리둥절할 수도 있다. 하지만 이전에는 우리 지식의 범위 밖에 있던 것을 이해하게 되는 즐거움은 무엇과도 비교할 수 없다.

아하! 유레카! 이거다. 이전에는 수수께끼였던 것을 갑자기 이해하게 되었을 때, 깨달음의 기쁨을 나타내는 이런 말들이 바로 물리학을 흥미롭게 만들어 준다. 나는 독자들이 이 책을 읽는 동안 그런 순간이 많아지기를 바라며 집필에 공을 들였다.

부디 이 책에서 되도록 많은 것들을 배워서 여러분들의 부모님이나 친구들에게 문제를 내고 내기를 해보라. 골탕 먹이는 재미를 즐긴 다음엔 놀라운 설명을 들이대는 것이다. 그러면 여러분은 쉽게 이겨먹을 수 있다. 알코올은 방사성이어야 한다(최소한 미국에서는)! 뭐라고? 그럴 리가 없다? 그럴 수 있다? 그런가? 또는 악명 높은 '온실효과'는 지구 상의 생명 탄생에 결정적인 역할을 한다! 에? 아니, 그럴 리가 없다? 정말 그런가?

이 책은 그저 샌님이나 괴짜들을 위한 물리학이 아니라 인생을 사랑하고 삶을 주도하고자 하는 사람들을 위한 물리학이기도 하다. 딱 한 가지 이 책을 읽고 곤란해질 일이 생기긴 할 것이다. 바로 점점 더
물리학에 대해 궁금해지고 여러 물리학 주제를 통달하고 싶어질 거라는 점이다. 어쩌면 과학자, 엔지니어, 아니면 물리학자가 되고 싶어질지도 모르겠다. 그렇다. 물리학은 정말 중독성이 강하다.

여러분은 오늘날 세계에서 손꼽히는 기술 선진국에 살고 있다. 한국은 에너지 안보에서 기후 변화, IT에서 기초과학 분야의 이슈에 이르기까지 많은 도전적인 기술적 과제들을 다루고 있다. 여러분은 굉장한 시기에 대단한 장소에 있는 셈이다. 멋지고 흥미로운 기회가 여러분 앞에 놓여 있다. 자그마한 물리학 지식이 그러한 것을 이해하는 열쇠가 될 것이고 그런 이해는 바로 세상을 바꾸는 변화에 참여하고 만들어가는 바탕이 될 것이다.

일단 도전하라!

2014년 여름
리처드 뮬러

들어가는 말

놀라운 사실들을 배워 보자!

친구나 동료와 토론에서 이겨 보자!

말도 안 되는 것에 내기를 걸고 이겨 보자!

이 책은 그 이상을 보장한다.

여러분은 지금 바로 물리학자가 될 수 있다.

좋다. 사실 이 책을 뗀다고 해서 국립연구소에 취직할 수 있는 건 아니지만 파티에서 물리학자 행세를 하는 데 도움이 될 수는 있다. 그리고 여기서 배울 모순적인 문제들을 이용해서 영리한 내기를 하면 이 책값을 하루 만에 뽑을 수도 있다.

이 책은 보기보단 훨씬 진지하다. 이리저리 대강대강 훑고 즐기다 보면 생각보다 훨씬 많은 걸 배울 것이다. 예상치 못했을 수는 있으나 영양가 넘치는 것들이 들어 있다. 물리학은 놀라운 것이다. 역설과 모순으로 가득하다. 한편으로는 그런 것 때문에 물리학은 배우기 어렵다. 직관에 반하는 여러 예시가 비밀을 풀어 내는 것을 도와줄 것이다. 낄낄거리며 즐길 수 있는 물리학이라면 좀 더 기억에 남을 것이다.

이 책의 모든 페이지에는 알아 두면 좋은 정보가 가득하다. 우리는 하이테크 세상에 살고 있으며, 많은 중요한 문제들이 물리학과 연관을 맺고 있다. 지구 온난화, 대체 에너지, 인공위성, 핵무기와 원자력 발전소, 쓰나미, 태풍 같은 것들을 생각해 보자. 당신이 대통령이건 일반 시민이건, 중요한 사실과 숫자들을 배워 지식을 향상시킬 수 있다. 그리고 이런 것들을 유머를 통해서 배우는 것보다 더 좋은 방법이 있을까?

이 책에서 예로 들고 있는 놀라운 사실들은 모두 현재 하이테크 세상의 중요한 것을 반영하고 있다. 어떤 것들은 단순히 신기하기 때문에 넣은 것도 있다. 일단 그림부터 보고, 그림 아래의 설명을 보고 궁금증을 느끼고 곰곰이 생각해 보자. 답을 찾아 낼 수 있는지 보시라. 그런 다음에 옆 페이지에 있는 설명을 읽어 보시길. 이것이 이 책을 즐기며 배우는 한 가지 방법이다.

이 책에 나오는 물리학의 예시들은 UC버클리에서 〈미래의 대통령을 위한 물리학〉이라는 제목으로 한 강의와 나의 책 『대통령을 위한 물리학』에서 선별한 것들이다. 이 강의는 지난 2년간 UC버클리에서 '최우수 강의'로 선정되는 상상할 수 없는 영예를 얻었다. 하지만 이런 예시들도 즐겁고 유머로 가득한 일러스트를 그려 준 조이 맨프리(Joey Manfre)의 멋진 그림이 없었다면 다소 무미건조했을 것이다. 자, 그럼 뒤로 편하게 기대앉아서 즐겁게 물리학을 배워 보자.

차례

모든 생물은 방사성이다

지구의 대기는 우주선*에 지속적으로 두들겨 맞고 있기에 방사성을 띤다. 대기 중의 탄소에는 10억 분의 1 정도 비율로 방사성을 띤 동위원소인 '방사성 탄소' C-14가 포함되어 있다. 식물은 광합성을 통해 대기에서 성장에 필요한 탄소를 얻기에 식물도 방사성을 띤다. 동물은 식물을 먹으니, 초식동물을 잡아먹는 육식동물 또한 방사성을 가지게 된다. 그래서 지구상의 모든 생명체는 방사성을 띤다.

우리가 죽으면 방사성은 점차 사라지기 시작하는데 방사성 탄소의 경우 반감기** 5,700년이 지나면 그중 절반이 사라진다. 죽은 식물이나 동물에서 탄소를 추출해서 방사성이 얼마나 남아 있는지를 보면 얼마나 오래전에 죽었는지 알 수 있다.

죽은 생물에서 방사성이 완전히 사라지려면 약 50번의 반감기를 거쳐야 하므로 30만 년이라는 시간이 걸린다. 방사성에 대한 자세한 이야기는 다음에 이어진다.

---

*우주선 : cosmic ray, 우주비행선이 아니라 우주에서 오는 방사선. - 옮긴이
**반감기 : 반감기가 한 번 지날 때마다 방사성은 절반으로 줄어든다. - 옮긴이

만약 당신이 방사성을 띠지 않는다면 당신은 죽었다는 얘기다.
그것도 아주 오~래전에.

방사성이 없는 술은 불법

미국 정부는 사람이 마시는 알코올은 반드시 곡물, 포도, 과일과 같은 천연원료로 만들어야 한다고 결정했다. 이 규제는 석유로 만든 알코올을 배제하기 위한 것이다. 사실 석유로 알코올을 만들어도 천연알코올과 화학적으로 동일하고 안전하며 맛도 똑같다. 그런데 왜 이런 규제를 만들었을까? 이유는 역사와 관계 있는데, 알코올 값을 비싸게 유지하고, 주류 사업의 경쟁자를 줄이기 위해서다.

화학적으로 차이가 없다면 어떻게 천연알코올과 석유로 만든 알코올을 구분할 수 있을까? 미국 연방 알코올·담배·총기국(BATF)에서는 한 가지 믿을 만한 방법, 방사능 측정을 사용한다.

천연알코올을 이루고 있는 탄소는 식물에서 온 것이고, 식물은 대기 중의 이산화탄소에서 탄소를 얻는다. 앞서 설명한 것처럼 대기 중의 이산화탄소는 우주에서 오는 우주선의 영향으로 방사성을 띠게 된다. 우주선은 질소분자와 충돌해서 방사성 탄소인 C-14로 바뀐다. 방사성 탄소는 대기 중의 탄소 원자 10억 개 중 하나밖에 안 되지만 그 정도면 측정하기에는 충분한 양이다(나는 현재 C-14를 측정하는 가장 민감한 방법인 가속 질량 분석기를 발명했다).

석유도 물론 대기 중의 탄소에서 만들어졌지만 땅속에 묻혀 수억 년 동안 격리되어 있었다. 방사성 탄소의 반감기는 5,700년이므로 1억 년 후에는 C-14원자는 거의 하나도 남지 않게 된다. 그래서 방사성이 없다는 것은 석유로 만든 알코올이라는 꼼짝할 수 없는 증거다.

사실 주류밀매상이 C-14를 구해서 불법 주류에 첨가할 수도 있다. 하지만 그런 건 주류밀매상이 시도해 볼 법한 수준을 넘어서는 것이다.

미국에서는 주류와 와인은 방사성을 띠어야 합법이다.
마시기 적합하다는 판정을 받으려면 방사능 붕괴가
750㎖에 최소 분당 400번은 일어나야 한다.

온실효과는 나쁜 것?

지구는 태양에서 오는 가시광선을 받아 따뜻해지고 그 열을 적외선으로 내보내면서 식는다. 하지만 태양의 가열효과만으로는 지표를 영상으로 유지시킬 수 없다. 만약 대기가 없었다면 바다 표면은 꽁꽁 얼어붙었을 것이다. 지구의 대기는 담요와 같은 역할을 하며 적외선 중 일부를 지표로 되돌려 보내 따뜻함을 유지시켜 준다.

이 현상은 햇볕은 받아들이고 열기는 빠져나가지 못하게 하는 온실과 유사한 면이 있다(사실 온실에서는 적외선이 아니라 대류현상을 통해 새어 나가는 열기를 막는 것이지만 결과는 같다).

사람들이 지구 온난화를 걱정하는 것은 이산화탄소 같은 가스가 갑자기 지구를 온실로 만들어 버렸기 때문이 아니다. 지구의 대기는 이미 온실이다. 점차 늘어나는 이산화탄소가 지구의 적외선을 더 흡수함으로써 온실효과를 강화시키는 것이 위험하다.

'정상적인' 온실효과는 지구 대기를 약 0도 수준으로 유지시켜 준다. 대기 중 이산화탄소가 증가해서 늘어나는 온실효과로 인해 지구의 평균온도는 21세기가 끝날 무렵에는 약 1.5~3도 정도 증가하게 될 것이다(계산이 맞는다면). 그것이 바로 사람들이 지구 온난화를 걱정하는 이유다.

악명 높은 온실효과가 아니었다면
지구는 이미 꽁꽁 얼어붙었을 것이다.

전기차보다 비싼 배터리

리튬 이온 배터리의 에너지 밀도를 알고 싶다면 무게를 재고, 라벨에 있는 용량을 읽어 보면 된다. 내 노트북 배터리의 무게는 1lb(파운드, 1lb는 약 450g)이며 가격은 120달러다. 라벨에 따르면 60Wh(와트시)*의 에너지를 저장할 수 있다. 즉 이 배터리는 1lb당 60Wh의 에너지 밀도를 갖고 있으며 Wh당 2달러가 든다는 뜻이다. 반면 석유는 lb당 에너지가 약 5,000Wh로 배터리의 약 83배에 달한다. 물론 배터리는 충전할 수 있지만 연료통을 다시 채워야 한다는 차이는 있다. 중요한 점은 같은 에너지를 저장하더라도 배터리가 훨씬 무겁다는 것이다.

물론 전기에너지가 석유보다 5배나 효율적이라는 장점도 있다. 그래서 실제로는 83배나 무거운 배터리가 아니라 16배 정도의 무게면 된다.

유명한 전기차인 '테슬라 로드스터'에는 차체 전체 중량의 44퍼센트에 달하는 500Kg짜리 배터리가 탑재되어 있다. lb당 120달러로 치면, 배터리값만 13만 2,000달러다. 전기 자동차의 연비 계산은 16만 km마다 교체해야 하는 배터리의 가격이 대부분을 차지한다. 실제로는 테슬라 사에서는 3만 달러 미만의 비용으로 수명이 다 된 배터리(수명은 3년)를 교체할 수 있다고 하지만 여전히 배터리에 드는 연간 비용만 1만 달러나 된다!

프리우스 석유 자동차를 충전식으로 바꾸면 좋겠다고 생각하는가? 하지만 하이브리드 자동차도 고가의 배터리 문제를 피할 수는 없다. 최근 소비자 연합의 조사에 따르면, 3년 동안 하이브리드 자동차를 운행할 경우 기름값을 2,000달러 정도 절약할 수 있지만 배터리 교체에는 1만 달러가 든다고 한다(나도 프리우스를 한 대 갖고 있지만 충전식으로 개조할 생각은 없다).

왜 아직도 굴러다니는 자동차 중 대부분이 석유 자동차인지, 전혀 신기할 게 없다.

---

* Wh(와트시) : 1Wh는 1W(와트)로 1시간 동안 유지할 수 있는 양의 에너지를 말한다. – 옮긴이

석유는 고가의 리튬 이온 배터리보다 에너지 밀도가 83배나 높다.
가장 잘 나가는 전기자동차인 테슬라 로드스터는 노트북 배터리로 치자면
배터리값만 13만 2,000 달러어치가 들어간다.
하지만 테슬라에서 파는 가격은 그것보다는 싸다.

쓰나미에서 살아남는 법

쓰나미는 매우 빠르게 이동하지만 매우 길고 완만한 파도다. 마루와 골(높은 곳과 낮은 곳)은 수직으로 10m나 되지만 수평 거리는 보통 15km 이상이다.

많은 사람들이 해변에서 물이 빠지기 시작하면 쓰나미가 오고 있다는 걸 처음으로 알아챈다. 물이 빠지는 것은 보통 먼저 오는 골의 도착을 알리는 것이다. 마루는 해안을 향해 500km/h로 다가오고 있다지만 여전히 15km 바깥에 있다. 비행기에 맞먹는 속도지만 해변을 덮칠 때까지는 2분 정도가 걸린다. 즉! 여러분에겐 10미터를 기어오를 2분의 시간이 있는 셈이다. 달아나지 말고, 언덕이나 넘어지지 않을 건물로 올라가면 안전하다.

쓰나미의 마루가 다가오면 밀물이 빠르게 들어오는 것처럼 보이는데, 그건 파도의 경사가 매우 완만하기 때문이다. 2분 만에 수위가 10m나 높아지는 셈이니 1초에 8cm 정도씩 불어나는 것이다. 쓰나미는 '물의 벽'처럼 다가오는 것이 아니다(가끔 그런 식으로 기사에 잘못 쓰인다. 오른쪽 그림처럼). 밀물이 바다를 여러분 안방까지 몰고 오는 상황에서는 거대한 밀물의 꼭대기에 있는 작은 파도도 크게 보일 수 있겠지만 말이다.

많은 사람들이 해일(tidal wave)이라는 말이 잘못되었다고 생각하지만 사실 그렇지 않다. 그 단어는 빠른 밀물처럼 움직이는 파도의 특성을 따서 만들어졌다. 몇몇 사람들이 외국어라서 좋아하는 쓰나미라는 단어도 항구의 파도[津波]라는 뜻이다. 해일이 밀물에 의해 만들어지는 게 아니듯이 쓰나미도 항구 때문에 생기는 게 아니니, 이름의 옳고 그름을 따지는 것도 부질없는 일이다. 일본 사람들이 쓰나미라는 이름을 붙인 것은 배를 정박해 놓은 항구에서 주로 피해를 입었기 때문이다.

해일이라고도 불리는 쓰나미는 보통 500km/h로 움직이지만
우리가 쓰나미를 피할 시간은 있다.

레이저는 누가 만들었을까

레이저는 콜롬비아대학교 교수 찰스 타운스(Charles Townes)가 발명했다. 최초의 레이저는 가시광선이 아니라 레이더, 전자레인지, 핸드폰에 사용되는 마이크로파라고 부르는 낮은 주파수의 빛이었다. 타운스는 이 초기 장치를 'Microwave Amplification by Stimulated Emission of Radiation'의 앞글자를 따 메이저(MASER)라고 불렀다. ('자발방출'*이라는 물리 현상 덕분에 이런 것을 만들 수 있었는데, 이런 형태의 빛을 처음 예견한 것은 아인슈타인이었다.)

타운스는 조만간 자신이나 학생들 중 누군가가 가시광선을 방출하는 장치를 만들 수 있을 거라고 믿었다. 그 장치를 위한 이름은 Microwave를 Light로 바꿔서 LASER, 즉 레이저라고 지었다. 이것이 우리가 레이저라는 단어를 갖게 된 사연이다.

타운스에게는 레이저나 메이저나 주파수만 다를 뿐 똑같은 원리로 작동하는 똑같은 장치였다. 그래서 그는 재미삼아 둘에게 공통된 이름을 지어 보려고 했다. 어차피 빛이나 마이크로파나 전자기파(Electromagnetic Radiation)의 한 종류이니 M과 L 대신에 ER을 머리글자로 따 모든 주파수를 대변하는 ERASER라는 단어를 만들었다.

하지만 타운스는 씩 웃으며 ERASER라는 약자를 내던져버렸다고 한다 (적어도 나한테 이 이야기를 할 때는 웃고 있었다). 타운스는 실제로 이 발명으로 노벨 물리학상을 수상했고 지금은 버클리대학교에서 천체물리학자로 일하고 있다.

★ 자발방출(spontaneous emission, 自發放出) : 어떤 원자가 특정 에너지 준위에 머물러 있다가 저절로 낮은 에너지 준위로 이동하면서 빛을 내는 현상. - 옮긴이

원래 레이저의 이름으로 이레이저가
물망에 오르긴 했으나 레이저가 이겼다.

열 감지 최종병기, 입술

열 방출은 적외선 방출(IR, Infrared Radiation)이라고도 부른다. 적외선은 미지근한 것이든 뜨거운 것이든 어디서든 방출된다. 적외선등(heat lamp)에서 내보내는, 눈에 보이지 않는 빛이 바로 적외선이다. 적외선은 눈으로는 볼 수 없지만 피부에는 따뜻함이 느껴져 적외선을 알아챌 수 있다. 우리 입술은 적외선 감지에 가장 탁월한 신체 부분이다. 주변에 아무도 없다면 입술 실험을 위해 뜨거운 것(차나 커피) 아무거나 입술 가까이에 가져와서 열기를 느낄 수 있는지 실험해 보자. 그다음엔 그 물체에 손가락을 대 보자. 손가락이 훨씬 덜 민감한 것을 알 수 있다.

적외선에 대해서 더 알고 싶다면 28쪽을 참고하시길.

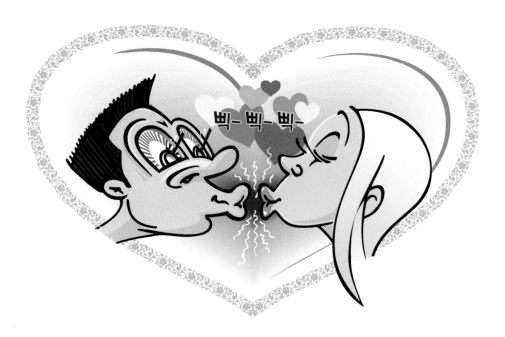

뱀이 먹이를 잡을 때나 모기가 여러분을 찾을 때 쓰는 열 방출은
사람도 느낄 수 있다. 실험을 해 보자. 눈을 감고 다른 사람의 입술에
당신 입술을 가까이 가져가 보자. 가까워졌을 때 알아챌 수 있는지 보자.
주의 사항 : 만약 입술이 닿게 되면 의도하지 않은 결과가 일어날 수 있다.

살무사와 스팅거 미사일의 공통점 살무사(viper snake)와 스팅거 미사일(stinger missile)은 둘 다 적외선을 감지한다. 야간에 먹이를 사냥할 때, 살무사는 먹이를 잘 보지 못하지만 머리 양쪽의 홈에 있는 특별한 기관에서 먹이가 내는 적외선을 감지한다. 앞에 뭔가 따뜻한 게 있다? 덮쳐라! (방울뱀도 살무사의 일종이다.)

스팅거 미사일도 비슷한 원리로 동작한다. 미사일은 적외선 센서를 이용해 공중에서 열을 내뿜는 것을 찾아낸다. 보통은 비행기의 배기구일 것이다. (사실 공중에 그것 외에 뜨거운 게 있을 일도 없다.) 비행기에서는 스팅거를 속이기 위해서 플레어라는 열원을 투하해서 미사일이 플레어를 쫓아가도록 한다.

어떤 광고를 보면 가정용 비디오카메라는 완전히 캄캄한 어둠 속에서도 동작한다고 주장하지만 사실은 적외선을 비추는 램프를 장착하고 있어서 눈으로는 볼 수 없지만 카메라로는 볼 수 있게 해 준다는 뜻이다. 군인들이 야간에 활동할 때 쓰는 야시경도 적외선을 이용한다. 미 육군 수색대의 구호인 "밤을 지배한다!(We own the night!)"라는 말도 여기서 나온 것이다.

살무사와 스팅거 미사일은 같은
물리적 원리를 이용해 먹이를 찾는다.

MRI 안에 핵 있다

MRI의 원래 이름은 '핵 자기 공명', 즉 NMR (Nuclear Magnetic Resonance)이었다. 하지만 환자들은 '핵'이라는 단어만 들어도 겁을 먹곤 했다. 아마도 NMR을 찍으면 방사능 물질에 노출될 거라고 오해했던 것 같다. 사실 NMR에서는 방사능 물질을 사용하지 않는다. 단지 자기장과 전파로 몸속의 수소원자 핵을 흔들어서 몸속의 밀도를 입체 영상으로 그리는 것뿐이다.

많은 환자들이 워낙 '핵'이라는 단어만 들어가도 겁을 먹는 바람에 과학자와 의사들은 '자기 공명 영상', 즉 MRI(Magnetic Resonance Imaging)로 이름을 바꾸기로 했다. 이름만 바뀌었을 뿐 내용은 하나도 바뀌지 않았다. '공명'이라는 말은 외부에서 유도해서 원자핵을 흔들어 놓는다는 뜻이다.

자기 공명 영상(MRI)은 사람 몸속 조직 구조를
놀라운 의료 영상으로 만들어 내는 장치다. MRI는 원래
다른 이름을 갖고 있었지만 환자들이 그 이름에 너무 겁을 먹어서
과학자와 의사들은 이름을 바꿔야만 했다.

보톡스는 플루토늄보다 독성이 강하다
플루토늄은 독성이 꽤 강하다. 들이마실 경우 치사량은 수 밀리그램 수준이다. 이 정도면 비소를 포함한 대부분의 독성 물질보다 훨씬 강한 것이다. 예전 일부 논객들은 이런 위험성을 다소 과장해서 플루토늄을 '알려진 물질 중 인간에게 독성이 가장 강한 물질'이라고 불렀고, 이런 오보는 금세 도시 전설이 되어 버렸다. 하지만 모든 사람들이 이런 실수를 저지른 건 아니었다. 1956년으로 거슬러 올라가 보면 기네스북은 보툴리눔 독소(botulinum toxin)*를 '가장 독성이 강한 물질'로 선정했다. 이 물질은 보툴리즘 박테리아가 만들어 내는 것으로 가끔 집에서 만든 마요네즈에서 나오기도 하며 우리에게 친숙한 보톡스의 원료이기도 하다. 보톡스는 플루토늄보다 독성이 백만 배나 강하지만, 그래도 도시 전설은 멈출 줄을 모른다.

보톡스는 독성이 너무 강하기 때문에 의사들만 다룰 수 있도록 규제하고 있다. 주름 근육을 완전히 손상시키지 않고 잠시 마비시킬 정도로 충분히 적은 양만을 주사할 수 있도록 말이다.

---

*보툴리눔 독소는 제대로 멸균이 되지 않은 깡통 내용물이나 보존이 제대로 안 된 음식물에 클로스트리디움 보툴리눔(Clostridium botulinum)이 발육함으로써 생성되는 신경독으로 식중독, 구토, 시각장애, 운동장애 등을 일으킨다.

플루토늄은 종종 세상에서 가장 독성이 강한 물질로 불리지만
실제로는 주름을 펼 때 쓰는 보톡스보다 100만 배 이상 독성이 약하다.

암에 걸리게 하는 방사선의 양

2,500rem(렘) 이상의 방사선을 맞을 경우 암에 걸리는 일은 없을 것이다. 거의 즉사하기 때문이다. 어쨌든 2,500rem은 암 치사량(cancer dose)이라고 부른다. 암에 걸리는 건 확률 싸움이기 때문이다. 적은 선량은 위협이 된다. 2,500rem을 2,500명에게 골고루 나누어 준다면 아무도 방사선병으로 죽진 않을 것이다. 하지만 평균적으로 2,500명 중 1명 정도는 추가로 암에 걸리게 된다. 누가 걸릴지 알 수 있는 방법은 없다. 2,500rem을 방사선 병에 걸려 죽지 않을 정도로 넓게 퍼트린다고 하면 한 명이 암에 걸릴 확률이 되고 1암 치사량이 된다.

인체에 미치는 방사선 피해는 rem이라는 단위를 쓴다. 300rem이면
몸이 아프기 시작하고, 1,000rem이면 며칠 내로 방사선 병에 걸려 죽게 된다.
하지만 2,500rem은 1명이 암에 걸릴 확률과 같다. 그런데 그 선량을
한꺼번에 맞고 당신이 먼저 죽어 버린다면 암에 걸릴 수 있을까?

바이오 연료

바이오 연료는 식물로 만들어지며, 식물은 대기 중의 이산화탄소에서 탄소를 얻는다. 대기는 방사성 탄소(14쪽을 참고)를 포함하고 있기에 모든 식물체는 방사성을 띤다. 하지만 수백만 년이 지나면 방사성 탄소 원자들은 사라지고 방사선 붕괴를 통해 질소로 바뀌게 된다. 그래서 땅속에 묻힌 수백만 년 전의 식물로부터 만들어진 화석연료에는 방사성 탄소가 모두 사라지고 없다.

여러분은 이 방사성을 실험 방법으로 이용할 수 있다. 누군가 여러분에게 친환경적인 바이오 연료를 판다고 한다면 그 말이 진짜인지 아닌지를 방사선을 측정해서 알아낼 수 있다. 방사선은 인증받은 바이오 연료에만 있으니까.

바이오 연료는 방사성이다. 화석 연료에는 방사성이 없다.

태양 에너지

젖은 옷을 햇볕에 널어 놓고 말려 본 사람이라면 태양 빛의 엄청난 힘을 알고 있을 것이다. 태양의 에너지는 $1km^2$당 1GW(기가와트)에 달한다. 현재 나와 있는 태양전지의 최고 효율은 약 43퍼센트(보잉사에서 우주 탐사를 위해 개발한 것이다.)이므로 1GW를 얻으려면 최소한 $2.3km^2$의 면적이 필요하다. $1mi^2$(제곱마일)은 $2.56km^2$이니까 약 1.1GW를 공급할 수 있다. 이 정도면 일반 원자력 발전소 1기의 전력에 달한다.

유감스럽게도 고효율 태양전지는 꽤 비싸고 값싼 전지는 효율이 3분의 1 수준이다. 보급형 태양전지로 1GW를 얻으려면 약 $3mi^2$이 필요하다.

꽤 많은 양의 태양전지가 필요한 것 같겠지만 요즘 컴퓨터 칩을 만드는 것과 같은 기술로 만드는 것이라서 매년 가격이 내려가고 있다. 또한 미국에는 넓은 땅이 있다. 네바다 주만 하더라도 11만 $567mi^2$이며 대부분은 늘 화창한 날씨다. (물론 밤은 빼고.)

1mi^{2}의 햇볕은 대형 원자력 발전소보다
더욱 많은 전력을 생산한다.

첩보 위성

첩보 위성은 좋은 화질의 영상을 구할 수 있는 최단거리 (320km 이내)를 유지하며 저궤도를 돌고 있다. 지구로 추락하지 않기 위해 약 8km/s의 속도로 이동하고 있다.

위성이 사진을 찍기 위해 정확히 유성의 머리 위에 위치할 때까지 기다릴 필요는 없다. 머리 위 지점까지 320km 떨어져 있을 때, 고도를 포함한 대각선 거리 약 450km 정도까지 촬영이 가능하다. 또 320km를 지나친 시점까지도 그럭저럭 괜찮은 시야를 유지할 수 있다. 따라서 약 640km 정도의 구간 동안 사진을 찍을 수 있는 셈이다. 8km/s의 속도로 움직일 때 약 80초 정도가 걸린다. 머리 위로 인공위성이 지나가는 걸 봤다면 이 말이 맞는다는 걸 알 것이다. (대강 1분 정도 관찰할 수 있다.) 인공위성이 지구를 한 바퀴 도는 데는 약 90분 정도가 걸리는데, 여기까지 들으면 잠시 후 한 번 더 볼 수 있을 거라고 생각할 수도 있겠다. 하지만 지구는 자전하고 있기 때문에 위성이 한 바퀴를 돌아왔을 때는 목표는 이미 이전 위치로부터 1,600km 정도 움직인 상태다. 처음 관측한 후 24시간이 지나면 위성은 다시 목표물 위에 오게 된다.*

기상 위성은 훨씬 높은 3만 5,200km 상공을 날고 있다. 그 고도에서는 중력이 매우 약해서 매우 느린 속도로 공전해서 24시간에 지구를 한 바퀴 돈다. 지구도 하루에 한 바퀴를 돌고 있으므로 결과적으로 위성은 지구에서 볼 때 늘 같은 자리에 머무는 것처럼 보인다. 이런 위성은 실제로는 움직이고 있지만 멈춰 있는 것처럼 보이기 때문에 '정지궤도'에 있다고 부른다. 그럼 정지궤도 위성을 첩보 위성으로 쓰면 좋겠다고 생각할지도 모르겠지만 이런 위성들은 너무 높은 곳에 있어서 직경 수 미터짜리 물체도 잘 구분할 수 없다. 그정도면 태풍을 보는 데는 충분하겠지만 오사마 빈 라덴을 알아보긴 어렵다.

취미로 위성을 찾는 사람들이 첩보 위성의 궤도를 찾아내 인터넷에 올리곤 하는데, 테러리스트들이 그런 정보를 이용해 위성이 지나가는 1~2분 동안 숨을 수도 있다.

첩보 활동은 힘든 일이다. 저궤도를 도는 첩보 위성은
지상의 목표물을 약 80초 정도 관찰할 수 있는데,
그다음엔 하루를 기다려야 한다.

★ 첩보 위성은 지구 전역을 골고루 관측하기 위해 남극과 북극을 지나는 극궤도를 돌고 있다. 적
도면을 돌고 있는 위성은 관계없는 이야기다. ─ 옮긴이

컴퓨터의 크기와 생각의 속도
빛은 1초에 30만km를 이동한다. 즉 10억 분의 1초(일반 컴퓨터의 신호 1주기) 동안 30cm를 간다는 얘기다. 전기 신호는 그보다 훨씬 느린 속도로 움직인다. 다음 신호가 오기 전에 다른 부분에 메시지를 보낼 여유가 있으려면 컴퓨터는 작아질 수밖에 없다. 달리 말하면 컴퓨터의 두뇌인 CPU가 생각을 빨리 하려면 작아져야 한다는 뜻이다.

영화 〈2001 스페이스 오디세이〉에 등장한 HAL 9000은 거대한 방을 가득 채울만한 크기였다. 영화 끝에서 (스포일러 주의!) 데이브는 'HAL 9000'의 중앙 처리 장치를 분해해 버리는데 몇 미터에 달하는 조각으로 무너지는 장면이 나온다.

어쩌면 HAL 9000은 분리된 여러 개의 CPU를 가진 분산 시스템을 이용해서 크기의 한계를 극복할 수도 있었을 것 같다. 하지만 영화가 만들어진 1968년 당시로 돌아가 보면 위대한 미래학자인 아서 클라크(Arthur C. Clarke, 〈2001 스페이스 오디세이〉 영화의 공동 제작자이기도 함)조차도 광속이라는 신호 전달 속도의 상한선에 이렇게 빨리 도달할 것을 예상하지 못했다. 컴퓨터의 클럭(Clock)* 속도가 너무 빨리 증가해서 그에 맞춰 컴퓨터가 작아져야만 하는 상황 말이다.

---

*클럭 : 전자 회로가 일정한 속도로 동작하기 위해 공급받는 신호. - 옮긴이

〈2001 스페이스 오디세이〉의 컴퓨터 HAL 9000은 똑똑해지기엔 너무 거대했다.

액체 수소 연료 액체 수소가 석유에 비해 에너지 밀도가 높다는 것은 널리 알려져 있다. 실제로는 2.6배 정도 높다. 하지만 수소는 너무 가벼워서 같은 무게의 석유에 비해 11배나 더 많은 공간이 필요하다. 두 숫자를 조합해 보면 석유와 같은 에너지를 얻기 위해 액체 수소는 4배의 공간이 필요하다는 것을 알 수 있다. 압축 수소 가스는 액체 수소보다 2배 정도 더 많은 공간을 차지한다.

그래서 수소가 비록 청정 연료(연소할 때 이산화탄소가 없는)이고 무게당 에너지가 높긴 하지만 부피까지 따져 보면 별로 좋지 않다.

그러나 로켓이나 항공기에서는 무게가 덜 나가는 점이 유리한 부분도 있다. 실제로 액체 수소는 스페이스 셔틀의 주 엔진의 연료로 쓰이며 고도 첩보기인 글로벌 옵서버(Global Observer)*도 액체 수소를 연료로 사용한다.

---

*글로벌 옵서버 : 미국에서 개발한 첨단 무인정찰기. 수소연료를 사용하는 최초의 정찰비행기이며, 적의 대공미사일이 미치지 못하는 성층권(20킬로미터)에서 일주일간 비행이 가능하고, 인공위성을 통해 운용된다. - 옮긴이

자동차 연료로 액체 수소를 쓰고 싶은가?
그렇다면 연료통이 지금보다 4배 더 커져야 한다.
연료통을 영하 253도로 냉각시키는 장치는 빼더라도.

과연 외계인은 지구에 왔었을까?

1995년, 미국 정부는 그 동안 기밀로 분류되어 있던 로스웰 UFO 사건(Roswell UFO incident)에 대한 정보를 공개했다. 그 파일에는 로스웰 사건은 모굴 프로젝트*의 일환이었던 거대한 비행 장치의 추락이었다고 기록되어 있다. 그 프로젝트의 목적은 러시아의 핵실험을 관측하고 측정하는 것이었다. 비행 장치 부분은 반사형 레이더와 라디오 발신기 그리고 당시 가장 감도가 좋았던 원반형 마이크를 매달고 있는 긴 풍선으로 되어 있었다. (옛날 영화에서 볼 수 있다.) 원반형 마이크는 멀리 떨어진 버섯구름의 우르릉거리는 소리를 감지하기 위한 장치로 모굴 시스템은 1949년 러시아의 첫 핵실험을 성공적으로 감지해냈다.

1947년 초기 시험 비행 도중에 이 날아다니는 마이크가 뉴멕시코 주의 로스웰에 추락했다. 한 대변인이 최초 보도에서 정부의 '날아다니는 원반(Flying disks)'(과학자들이 원반형 마이크에 붙여준 별명이기도 하다)이 추락했다고 발표했다. 직후 그는 기밀 정보를 누설했음을 깨닫고 보도를 정정하기 위해 기상 관측용 기구라고 주장하는 새로운 보도를 내놓았으나 이미 너무 늦어 버렸다. 사람들은 엄청난 양의 파편을 보았다고 증언했고 기상 관측용 기구라고 하기엔 너무 크다는 것을 알게 되었다. 신문에서는 최초 보도를 인용하면서 '날아다니는 원반'을 외계인의 '비행접시(Flying saucers)'로 잘못 해석했고 거기서 새로운 전설이 탄생했다.

---

* 모굴 프로젝트(Project Mogul) : 1946년 넓은 지역의 상공에 풍선을 쏘아올려 옛소련이 핵실험을 할 때 나는 저주파음을 탐지하는 계획. - 옮긴이

1947년 뉴멕시코 주 로스웰에 날아다니는 원반이 추락했을 때
미 정부는 거짓말을 했다. 그건 그냥 기상 관측용 기구일 뿐이라고 주장했다.
정부는 이제 날아다니는 원반이 실제로 추락했으며
그것을 회수했음을 인정하고 있다.

시각의 신비

TV나 모니터의 흰색 화면을 가까이서 들여다보면 하얀 색은 하나도 없고 빨간색, 녹색, 파란색 점들밖에 보이지 않을 것이다. (점 하나하나를 나누어서 보려면 돋보기가 필요할 수도 있다.) 하지만 의자에 뒤로 기대앉아서 보면 그것들은 한데 뭉쳐서 하얀색으로 보인다.

우리 눈에는 색을 감지하는 세 가지 센서가 있는데 각각은 빨간색, 녹색, 파란색(RGB: Red, Green, Blue)을 감지한다. 태양에서 오는 진정한 하얀색은 무지개 색을 모두 포함하고 있지, RGB로만 되어 있지는 않다. 진짜 하얀색은 세 가지 센서를 모두 자극시킨다.

꼼수는 이런 것이다. 화면이 여러분의 눈이 하얀색을 느끼게 만들려고 하면 세 가지 색을 모두 켠다. 그러면 눈에 있는 세 가지 센서가 마치 태양 빛을 받았을 때와 마찬가지로 자극을 받는다. 뇌가 알 수 있는 것은 세 가지 센서가 모두 빛을 감지했다는 것뿐이기 때문에 이 자극을 하얀색으로 인식해 버린다. 뇌가 속아 버린 셈이다.

어떤 사람들은 세 가지가 아니라 네 가지 색을 느낄 수 있다고 하는데, 이 사람들은 TV가 만드는 가짜 하얀색에 속지 않을 것이다. 그 사람들에 게는 어떻게 보일까? 유감스럽게도 매우 적은 사람들만이 이런 능력을 갖고 있기 때문에 우리에겐 이런 색을 표현할 단어가 없다. 아마도 그 소수의 사람들은 우리를 TV의 가짜 하얀색을 하얀색으로 착각하는 색맹이라고 부를지도 모르겠다.

TV는 대단한 시각적 마법을 부린다.
빨간색, 녹색, 파란색 점들이 하얀색으로 보이게 하는 마법이다.

지진에 의해 발생하는 파동

지진 단층이 미끄러질 때, 그 떨림은 파동의 형태로 퍼져나가며 그 파동이 도착하면 지진을 느끼게 된다. 음파와 비슷한 현상이지만 공기 대신 땅이 움직인다는 점이 다르다. 가장 빠르게 퍼져나가는 지진파(1,600km/h)는 P파(Primary의 P)라고 부른다. P파는 진행방향 앞뒤로 흔들린다. 두 번째 파동은 S파라고 부르며 진행방향의 좌우로 흔들린다. 만약 여러분이 진앙에서 8km 떨어져 있다면 P파가 도착하는 데까지 16초가 걸리고, S파는 17초가 걸린다. 16km 떨어져 있다면 P파는 32초, S파는 34초 걸린다. 따라서 P파와 S파의 시간 차이에 8을 곱하면 진앙까지의 거리를 km 단위로 구할 수 있다.

어릴 때 번개가 번쩍하고 천둥이 들릴 때까지의 시간을 세면 번개가 친 곳까지의 거리를 구할 수 있다는 걸 배운 적이 있을 것이다. 약 1.6km 멀어질 때마다 5초씩 천둥이 늦게 들린다. (어릴 때는 1.6km는 거의 무한에 가까운 엄청난 거리였기 때문에 매우 위안이 되었다.) 지진도 비슷한데, 8km 멀어질 때마다 두 파의 시간차가 1초씩 늘어난다는 것만 다르다.

다음에 지진이 일어나면 첫 번째와
두 번째 흔들림 사이의 시간을 세어 보라. (어디 잘 숨어서)
거기에 8을 곱하면 진앙까지 몇 km 떨어져 있는지 알 수 있다.

지구의 속도 지구 위에 있는 모든 것들은 사실 지구와 같은 속도로 움직이고 있어서 우리는 지구가 얼마나 빨리 움직이고 있는지 알아차리지 못한다. 지구뿐만 아니라 태양계의 움직임도, 우리 은하의 움직임도 마찬가지다. 마치 고급 열차나 부두에 도착하기 직전의 페리호처럼 바깥을 내다보기 전까지는 움직이고 있다는 것을 알기가 어려운 것이다.

우주배경복사*는 140억 광년 떨어진 먼 곳에서 오기 때문에 무한히 먼 거리의 한 점을 기준으로 어떻게 움직이고 있는지 알려 주는 열쇠로 쓸 수 있다. 나는 1977년 지구의 공전 속도를 처음으로 측정하는 팀을 이끌었다. 그 팀에는 조지 스무트(George Fitzgerald Smoot III, 후에 배경복사에 관한 후속연구로 노벨 물리학상을 수상했다)와 마크 고렌스타인도 함께 했었는데, 우주의 여러 방향에서 오는 배경복사를 관측하기 위해서 고고도 정찰기인 U-2를 이용했다.

지구의 자전 속도에 관한 내용은 130쪽에.

---

* 우주배경복사(Cosmic background radiation) : 우주 공간의 배경을 이루며 모든 방향에서 같은 강도로 들어오는 전파. - 옮긴이

지구는 우주 저 멀리 떨어진 별들에 대해서
시속 100만km 정도로 움직이고 있다. 느끼고 계셨는지?

전자의 멈추지 않는 스핀

전자가 '스핀'을 갖고 있다는 것은 아이스 스케이트 선수가 한 지점에서 회전하는 것처럼 자전하고 있다는 의미다. 전자의 스핀이 엄청나게 빠르다는 점만 빼고는 같다고 할 수 있다. 비록 수식으로 전자의 스핀을 정확히 묘사할 수는 있지만 전자가 왜 스핀을 가지는지는 여전히 밝혀지지 않았다. (수식은 아무것도 설명해 주지 않는다. 그것들은 다만 물리적인 미스터리를 수학적인 것으로 바꿔놓은 것일 뿐이다.) 우리가 알고 있는 한 가지는 스핀의 방향을 바꿀 수 있어도 멈출 수는 없다는 것이다.

전자는 전하를 갖고 있고, 전자와 함께 전하도 회전하므로 전자는 약한 자성을 갖고 있다. 영구 자석은 그 물질을 이루는 전자들 중 많은 수의 스핀이 같은 방향으로 정렬된 것이다. 여러분의 이어폰이나 하드 디스크에 있는 자석이 그렇게 강한 자성을 가질 수 있는 이유도 바로 한 방향으로 정렬된 전자의 스핀 덕분이다.

전자는 회전 운동을 하고 있으나 그것을 멈출 수는 없다.
아무도 스핀이 멈춘 전자를 본 사람은 없다.

과연 건전지는 싼 것일까?　배터리는 비싸지만 한편으로는 매우 편리한 물건이다. 손전등은 전기가 나갔을 때도 쓸 수 있지만 그 편리함을 위해 많은 돈을 추가로 지불해야 한다. 보통 할인하지 않은 AAA건전지는 개당 1.5달러 정도된다. (UC버클리 근처 편의점 가격은 그렇다.) 이 건전지는 1.5V(볼트)에 1A(암페어)의 전기를 약 1시간 정도 공급할 수 있다. [1.5V에 1A를 곱하면 1.5W(와트)다.] 1.5달러에 1.5Wh니까, kWh(킬로와트시)당 1,000달러인 셈이다. 그런데 가정용 전기라면 같은 양에 10센트면 살 수 있다.

대부분의 사람들은 건전지가 일반 전기보다 훨씬 비싼 게 꽤 당연하다고 여기지만 1만 배나 비싸다는 걸 알고 있는 사람은 드물다. 하지만 이런 경우를 생각해 보자. 집에 손전등을 켜놓고 나온 게 생각났다면? 아마 웬만하면 돌아가서 끄고 나올 것이다. 그렇지만 욕실에 불을 켜고 나온 경우엔 별로 신경 쓰지 않을 것이다.

150년 전에는 사실상 모든 전기를 건전지에서만 얻을 수 있었다. 초기의 전신기는 건전지를 전원으로 사용했다. 당시에 몇몇 사람들은 언젠가 전기가 계량이 필요 없을 정도로 싸질 것이라고 예상했다. 내 생각엔 그 사람들은 지금 kWh당 10센트도 거의 공짜로 여길 것 같다. 물론 전기값이 너무 싸져서 막대한 양을 허비하는 것도 있다. 심지어는 창문이 없는 방을 만들어 놓고 낮에도 불을 켜느라 전기를 쓸 정도니까.

일반 가정용 전기는 kWh당 약 10센트다.
AAA건전지로 그 정도 양을 얻으려면 1,000달러가 든다.

고대의 원자로

한때 지구상에는 지금보다 훨씬 많은 양의 우라늄-235가 있던 시절이 있었다. 그 우라늄들이 방사성 붕괴를 하기 전 말이다. 아프리카 가봉 인근의 한 지역의 심층수에 녹아 있는 우라늄이 '농축 우라늄'(122쪽과 124쪽 참고) 조건에 절묘하게 맞아떨어져 엄청난 양의 방사선과 약 15kW(킬로와트)의 열을 방출한 적이 있었다.

그로부터 17억 년 뒤, 광부들은 이 지역의 우라늄 광석의 우라늄-235 함량이 인근 지역의 평균보다 적다는 것을 알아냈다. 광석 속의 우라늄-235는 이미 붕괴해 다 소모되어 버린 것이다. 이것이 바로 고대의 자연 발생적 원자로 현상의 첫 번째 증거였다. 이어진 연구로 핵분열 반응에서 만들어지는 '핵분열 부산물(fission fragment)'이라는 희귀 동위원소들이 발견되었고 이 발견이 핵분열 이론을 증명해 주었다.

그럼 그 원자로는 왜 폭발하지 않았을까? 당시에 우라늄-235가 지금보다 많았다고는 하지만 농축도는 기껏해야 3퍼센트 수준이었다. (지금 자연 우라늄 광석의 우라늄-235 함량은 약 0.7퍼센트다.) 핵폭탄을 만들기 위해서는 훨씬 더 높은 거의 100퍼센트에 가까운 농도가 필요하다. 이게 바로 원자로가 핵폭탄처럼 터질 수 없는 이유기도 하다. 현대의 원자로에서 쓰는 핵연료의 농축도는 먼 옛날 아프리카에서 있었던 자연 핵반응과 같은 3퍼센트 수준이기 때문이다.

17억 년 전, 세계 최초의 원자로가 있었다.

전기가 먹는 석탄의 양
GW는 10억W를 뜻하고, 이것은 한 가정당 평균 1kW를 소비한다면 약 100만 가구에 공급할 수 있는 양이다. 1톤은 100만g이니 오른쪽 그림에 나온 석탄 사용량이라면 각 가정에서는 7초마다 석탄 1g을 사용하고 있는 것이다. 언뜻 보면 별로 많아 보이지 않지만 100만 가구의 합을 생각해 보자. 발전소는 당연히 거대해질 수밖에 없는 거다!

석탄을 태우면 탄소 원자 하나에 산소 원자 2개가 결합돼서 이산화탄소가 만들어진다. 달리 말하면 C와 O_2가 합해져서 CO_2 분자가 되는 것이다. ('이산화'의 '이'는 숫자 2이며 이산화탄소는 2개의 산소를 가지고 있다.) CO_2 분자는 그 자체로 탄소보다 약 3배 무겁다. 추가로 무거워진 부분은 탄소에 결합된 공기 중의 산소다. 태운 석탄보다 훨씬 많은 양(톤)의 이산화탄소가 발생하는 건 그런 이유 때문이다.

GW급 석탄 발전소는 7초마다 1톤의 석탄을 태운다.
그리고 악명 높은 온실가스인 이산화탄소를 2초당 1톤씩 방출한다.

우리가 석유를 사랑하는 이유

우리가 석유에 반한 건 외모가 아니라 성격 때문이다. 석유는 같은 무게의 TNT의 15배에 달하는 막대한 에너지를 지니고 있다. 예전엔 석유가 값이 쌀 뿐만 아니라 깨끗한 것 같았다. 주로 배출하는 것이 바로 순수한 이산화탄소, 사람이 숨을 쉴 때 나오는 것인 동시에 식물을 자라게 하는 것이었으니까. 석유에 비해 석탄은 많은 양의 그을음과 이산화황, 수은뿐만 아니라 잿더미도 만들어 낸다. 그에 비하면 차에 넣는 석유를 태우고 나면 연료탱크는 그저 텅 빌 뿐이다. 아무것도 남지 않는다. 와우.

석유는 안전하다! 어쨌든, 단 한 가지 부정적인 면을 들자면 중동 전쟁일 것 같다. 서방 국가들이 석유 자원을 몽땅 소유한 상황에서는 거의 있을 법 하지 않은 일이긴 했지만 말이다.

상황은 바뀌었다. 이산화탄소는 이제 잠재적으로 위험한 온실가스로 인식되고 있다. 또 중동 전쟁에서 수많은 군인들이 목숨을 잃기도 했다.

문제는 우리는 사실 석유와 사랑에 빠진 정도가 아니라 결혼을 해 버렸다는 거다. 이혼하고 싶긴 하지만 너무 의존적으로 살아왔기 때문에 어떻게 이혼하든 깔끔하게 끝낼 순 없을 것 같다.

왜 우리는 석유를 이렇게 사랑할까?
적어도 향 때문은 아니다!

유성의 운동 에너지

일반적으로 유성은 20km/s 정도로 매우 빠르게 움직인다. 권총에서 발사한 총알보다 20배나 빠르다. 운동에너지는 속도의 제곱에 비례하는데, 같은 무게라면 유성이 총알보다 400배나 많은 에너지를 가진 셈이다.

만약 유성이 '소행성'이라고 부를 만큼 크다면 지구 대기권의 마찰로는 속도를 많이 줄일 수가 없다. 지표면에 충돌할 때 운동 에너지는 모두 열로 바뀌어서 같은 무게의 TNT가 폭발할 때보다 100배나 많은 열을 방출해서 바위마저도 증발시킨다. 6,600만 년 전에도 샌프란시스코 정도 크기의 소행성이 지구에 충돌해서 공룡을 비롯한 당시 지구 위에 살고 있던 거의 모든 생물을 멸종시켰다. 충돌로 인해 운동 에너지는 열로 바뀌었고, 그 열은 소행성을 증발시켰다. 갑자기 만들어진 뜨거운 가스는 그 많은 생명을 앗아간 폭발을 일으켰다.

숫자로 한 번 살펴보자. 물리학자들은 $KE = 1/2 \ mv^{2*}$이라는 공식으로 운동 에너지를 계산한다. 단위를 맞추는 것이 조금 어렵다. 질량은 킬로그램으로, 속도는 초속 몇 미터 단위로 한다. 질량 500g에 30km/s로 움직이는 물체라면 운동 에너지는 약 2억 2500만J(줄)이 된다. 1lb의 TNT에서 나오는 에너지는 1g당 1kcal, lb당 약 190만J이니 유성의 1퍼센트도 안 되는 셈이다.

---

* KE는 운동 에너지(Kinetic Energy), m은 물체의 질량, v는 물체의 속도를 나타낸다. - 옮긴이

1lb의 유성은 TNT의 100배에 달하는
에너지를 갖고 있다.

헬륨 풍선에도 방사선이 있어? 지구의 지각에는 방사성 원소인 우라늄과 토륨이 함유되어 있다. 화산, 간헐천, 온천, 지열 발전의 열의 근원이 바로 이런 방사선에서 오는 에너지다. 그런 의미에서 사실 지열 에너지는 원자력 에너지다.

우라늄과 토륨이 붕괴할 때는 '알파선'이라고 부르는 방사선을 방출한다. 알파선은 사실 2개의 양성자와 2개의 중성자가 뭉쳐 있는 입자다. 이 알파선의 속도가 줄어들면 2개의 전자를 끌어와 궤도를 돌게 만들어서 헬륨 원자가 된다. 이 가스는 오일 포켓에 쌓이는 경향이 있는데, 석유를 시추할 때 이 헬륨가스가 함께 밖으로 나오게 된다. 이게 바로 파티용 풍선에 주입하는 헬륨의 공급원이다.

그림 속의 아이들은 모든 핵폐기물이 위험한 것은 아니라는 것을 모르는 것 같다. 사실 우라늄과 토륨의 붕괴 부산물인 헬륨은 그 자체로는 방사성을 띠지 않는다. 그러니 헬륨 풍선에 너무 겁먹을 필요는 없다.

풍선에 불어넣는 헬륨도 사실은 방사성 붕괴의 부산물이다.

스리마일 섬 사고

스리마일 섬의 과다한 방사선은 그 사고 때문이 아니라 땅속에서 새어나오는 천연 라돈가스 때문이다. 라돈은 이 지역에 상대적으로 많이 묻혀있는 우라늄의 방사성 붕괴 부산물이다. (우라늄과 토륨은 헬륨도 함께 만들어내지만 66쪽에서 말했듯이 헬륨은 방사성을 띠지 않는다.)

스리마일 섬 사고 이후, 사실 원자로 내부의 방사능은 극히 일부분이 누출되었지만, 사람들은 그때 처음으로 가이거 계수기로 인근 지역의 방사능을 측정하기 시작했다. 여전히 안전한 수준임에도 불구하고 처음엔 기대했던 값보다 50퍼센트나 높게 나온 것에 공포를 느꼈고 이런 발견이 어느 정도의 패닉과 관심을 만들어냈다. 하지만 그 후 사람들은 그 방사능이 땅속에서 올라온 라돈에 의한 것임을 밝혀 냈다. 라돈은 수백만 년 전부터 나오고 있었지만 아무도 몰랐던 것이다.

미국의 다른 지역에서도 비슷하거나 그 이상의 라돈이 검출된다. (덴버 사람들을 대피시켜야 하는지에 대한 이야기를 참고. 72쪽) 심지어 대리석으로 만들어진 건물 중에도 라돈이 많이 검출되는 경우가 있는데, 대리석은 우라늄을 많이 함유하는 경향이 있기 때문이다. (많다는 것은 이 경우에는 100만 분의 1.) 미국 정부는 라돈이 많은 지역에 사는 사람들에게 주기적으로 가정의 라돈을 측정해 보라고 권고하고 있다. 만약 위험한 수준이라면 조치는 간단하다. 환기를 자주 시켜서 라돈 가스를 밖으로 내보내면 된다.

어쨌든, 다른 지역보다 50퍼센트 높은 정도로는 그림에서 보는 것 같은 돌연변이 공룡을 만들 수는 없다. (약간 과장한 것이다.) 스리마일 섬에 대해 자세한 이야기는 70쪽에.

1979년 방사능 누출사고가 있었던 펜실베이니아 스리마일 섬 인근의
방사능은 미국의 평균보다 약 50퍼센트 높다.
하지만 수백만 년 전부터 그랬다.

방사능 사고와 공포 조장

미국 사상 최악의 원자로 사고는 1979년에 펜실베이니아 스리마일 섬에서 있었는데, 원자로 노심이 과열되어 녹아내렸고 방사능 물질이 대기 중으로 누출된 사고였다.

케메니 보고서*는 이 사고로 인한 피해를 연구했다. 위원회는 사람들이 노출된 방사능의 총량이 2,000person-rem(퍼슨렘)에 불과하며, 수백만 명에게 퍼졌다고 결론지었다. 한 명당 받은 방사능량은 0.07rem 이하였으며, 1년간 받는 자연방사능인 0.4rem보다 훨씬 낮은 수치다.

하지만 위원회는 보고서에서 "이 사고가 건강에 미친 영향은 주로 스리마일 섬 인근 주민과 노동자들의 정신 건강상의 악영향으로 나타났다."라고 언급하고 있다. 이 사고가 인근에 거주하는 사람들과 생물을 심각하게 위협하고 있다는 잘못된 믿음이 사람들에게 심각한 정신적 고통을 주었다.

정신적 고통은 종종 흡연으로 이어지며, 흡연이 폐암으로 이어질 수 있다. 하지만 케메니 보고서는 이런 문제에 대해 특별히 평가하려고 하진 않았다.

★ 케메니 보고서 : 스리마일섬 사고 조사특별위원회 보고서에서는 스리마일 섬 사고원인을 ① 경수형 원자력 발전기술의 불완전함, ② 규제행정의 결함, ③ 방재계획의 결여로 보고 있다. 이 사고로 전 세계는 원자력발전 사고의 심각성과 방사성물질의 누출로 인한 환경 오염과 인명 피해에 대해 고민하기 시작했다. – 옮긴이

스리마일 섬에서 있었던 악명 높은 원자로 사고는
사람들에게 많은 피해를 끼쳤다. 하지만 누출된 방사능 물질이 아니라
그로 인한 공포가 피해의 큰 부분을 차지하고 있었다.

덴버는 가장 위험한 방사능 유출지역? 덴버의 높은 방사능

은 로키 산맥의 (미량의) 우라늄 때문이다. 덴버 지역에 사는 사람들이 추가로 받는 방사능은 연간 0.1rem 정도다. 이 정도면 흉부 엑스레이 3번, 혹은 치과 엑스레이 수천 번에 해당하는 양이다. 선형 가설에 따르면 암 발생률이 2만 5,000분의 1 증가하게 된다. 작은 위험이지만, 덴버의 인구가 약 60만 명이니 연간 24명이 더 암에 걸릴 가능성이 있는 셈이다.

하지만 실제로는 덴버의 암 발생률은 미국 다른 지역보다 낮다. 몇몇 과학자들은 이것이 적은 양의 방사능은 몸에 좋다는 증거라고 주장하기도 한다. 약한 방사능은 예방 접종 역할을 해서 강한 방사능에 대한 저항력을 길러준다는 것이다. 하지만 다른 원인들(생활 습관 같은)이 낮은 암 발생률의 원인이라는 설명도 가능하다. 그런 원인들은 방사능에 의한 암 발생 증가를 찾기 힘들게 하거나 상쇄시킬 수도 있다. 아니면 낮은 방사능은 정말로 몸에 좋을 수도 있고. 아닐 수도 있고. 아무도 모르는 거다.

★ 마일 하이 시티(Mile High City)는 덴버 시의 별명이다. 해발고도가 1,600m로 미국 대도시 중 가장 높기 때문이다.

덴버의 방사능은 미국의 다른 대부분의 지역보다 50퍼센트 정도 높다.
만약 이렇게 방사능이 높은 것이 근래에 일어난 일이라면
덴버는 긴급대피령이 떨어졌을 것이다.

폭풍 해일

폭풍 해일은 엄청난 규모의 밀물로, 바다가 거실로 들이닥치는 걸 생각하면 된다. 부분적으로는 저기압이 바다를 빨아올리는 것이다. 이 해일은 태풍의 가장자리 부분에서 더 높게 발생하는데, 바람이 물을 해안가로 밀어붙이기 때문이다. 폭풍 해일이 원래의 밀물 주기와 겹치게 되면 최악의 상황이 된다. 허리케인 카트리나의 경우 폭풍 해일이 평소 해수면에 비해 7.5m나 되는 곳도 있었다. 노스캐롤라이나 바깥쪽 모래톱 지역에는 대형 허리케인이 올 때마다 폭풍 해일로 인해 완전히 물에 잠기는 섬들도 있다.

바람도 어마어마한 피해를 줄 수 있지만 물은 공기보다 수천 배나 밀도가 높기 때문에 아무리 천천히 흐른다고 하더라도 훨씬 많은 힘을 가할 수 있다.

허리케인이 올 때 사상자들 중 대부분은 (적어도 직접적으로는)
바람 때문에 생기는 게 아니다. 범인은 바로 해안의 집들을
몽땅 물에 잠기게 하는 폭풍 해일이다.

어메이징 그래비티

국제 우주정거장(ISS)는 지표면으로부터 약 320km 상공에 떠 있다. 사실 그 고도에서는 중력이 지표면에서의 10퍼센트밖에 줄어들지 않는다. 즉 60kg인 우주비행사가 고정된 저울에 선다면 54kg이 되는 셈이다.

하지만 우주 궤도에 있는 우주비행사가 저울에 올라간다면 0으로 나온다. 왜 무중력인 것처럼 나올까? 바로 우주비행사처럼 저울도 궤도를 돌고 있기 때문이다. 마치 추락하는 엘리베이터에 사람과 저울이 함께 있는 것과 같다. 모두 함께 떨어지고 있다면 발바닥이 저울에 가하는 힘도 없을 것이다. 당신이 저울과 같이 궤도를 돌고 있다면 발바닥이나 다리에 아무런 힘도 느껴지지 않을 것이고 실제로는 그렇지 않지만 무중력인 것처럼 느끼는 것이다.

만약 정말로 중력이 없다면, 우주정거장이나 우주비행사나 지구를 향해서 곡선인 궤도를 그리는 것이 아니라 직선으로 날아가 버린다. 인공위성은 아래로 떨어지는 정도와 지구의 곡률이 맞도록 속도를 선택했기 때문에 원 궤도에 머무를 수 있는 것이다. 우주비행사는 계속 추락하고 있는 상태지만 지구를 빗나가고 있는 상태를 생각해 보자. 궤도를 돌고 있다는 것은 마치 뭔가에 홀린 느낌이다. 분명 계속 떨어지고 있는데도 전혀 가까워지지 않으니 말이다.

"아냐. 이건 다이어트 기록으로는 무효야"

우주에서 저울에 올라가면 0으로 나온다.
사실 궤도에서의 중력도 지표면과 크게 다르지 않은데도 말이다.
왜 우주인들은 무중력 상태처럼 보일까?

우주비행에 필요한 에너지는? 100km 상공까지 가는 건 사실

별로 어렵지 않다. 독일에선 이미 1942년에 V2 로켓을 85km까지 쏘아 올렸었다. 이어 1946년에는 미국이 노획한 V2 로켓의 꼭대기에 작은 로켓 (WAC corporal이라고 불렸다)을 붙여서 185km까지 도달했다. 하지만 강대국들의 로켓 레이스에도 불구하고 훨씬 더 많은 돈과 10년의 시간이 흐른 1957년이 되어서야 비로소 러시아가 최초의 인공위성을 궤도에 올렸다.

하지만 문제는 그저 궤도에 도달하는 게 아니라 머무르는 것이다. 원 궤도에 머물기 위해서는 8km/s라는 엄청나게 높은 속도가 필요하다. 그런 업적에는 단순히 그 고도에 도달하는 것보다 30배나 많은 에너지가 필요하다. 3,000퍼센트라고 쓰면 제법 어마어마해 보이겠지.

그래서 X 프라이즈(X prize) 로켓의 업적이 저궤도 우주 정거장에 사람을 보내는 것보다 30배나 약한 것이다. 그럼 X 프라이즈의 성공이 왜 그리 중요하다는 걸까? 기술적으로는 별로 그렇지도 않은데 말이다. 하지만 그런 활동들이 사람들에게 우주여행의 꿈을 심어 주고 그것이 어떤 사람들 (특별히 나사 사람들)을 기쁘게 만들기도 한다.

X 프라이즈를 탄 로켓은 사람을 100km까지 올려보냈다.
거기에 탔던 사람은 우주비행사로 공식 인정을 받았다.
그럼 그 사람을 궤도에 보내려면 얼마나 더 많은 에너지가 필요할까?
3,000퍼센트. 깜짝 놀랄 만한 숫자다.

로켓보다 빠른 수소 똑같은 온도에 있다고 하더라도 모든 분자들이 항상 같은 속도로 움직이는 것은 아니다. 물리법칙에 따르면 같은 온도에 있는 분자들은 가벼운 분자든 무거운 분자든 평균 에너지는 같지만 속도가 같지 않다. 즉 가벼운 분자가 훨씬 빨리 움직인다는 뜻이다. 수소 분자는 평균적으로 산소 분자보다 3배 빠르다.

평균 속도가 그렇다는 뜻이고, 그중에서도 어떤 녀석은 빠르게, 어떤 녀석은 천천히 움직인다. 빠른 수소 원자는 실제로 지구 탈출 속도에 달하는 것도 있어서 마치 로켓처럼 지구를 벗어나기도 한다. 수백만 년의 시간이 걸리긴 하지만 결국 모든 수소 분자는 그런 식으로 대기를 벗어날 수 있게 된다. 지구 나이만큼의 시간이 또 흐르고 나면 매우 적은 양만이 남게 된다. 그때 남은 수소 원자라고는 물처럼 다른 원소와 결합해서 분자를 이룬 것들뿐일 것이다.

목성과 토성처럼 태양계의 좀 더 큰 행성의 경우는 중력이 더 강하기 때문에 기체 분자들이 탈출하기가 좀 더 어렵다. 그런 행성들은 오래전 지구가 그랬던 것처럼 여전히 대기에 많은 양의 수소를 붙잡아 두고 있다.

"듣자 하니 그렇게 빨리 떠날 수는 없대요."

수소 분자는 다른 기체들보다 훨씬 빨리 움직인다.
대기 중에 수소가 거의 없는 이유도 바로 그것이다.
모두 우주로 빠져 나가 버렸기 때문에.

반물질 어떤 '동위원소'(원자핵의 중성자 수가 일반 원소와 다른 원소)는 방사성을 띠는데, 어떤 것들은 방사성 붕괴를 일으킬 때 전자의 반물질인 양전자(양전하를 띤 전자)를 방출한다. 양전자는 PET 스캐너라고 부르는 장치를 통해 진단에 매우 유용한 것이 알려졌다. (PET는 양전자 방출 단층촬영법, 즉 Positron Emission Tomography의 약자다.)

이런 양전자를 방출하는 물질 중 하나가 아이오딘-124라는 물질이다. (화학적으로는 아이오딘과 같지만 원자핵에 중성자가 3개 적다.) 아이오딘-124를 환자에게 먹이거나 혈관에 주사하면 갑상선에 흡수된다. 이 물질의 반감기는 4일밖에 되지 않아서, 아이오딘은 흡수된 즉시 갑상선에 반물질인 양전자를 방출한다. 양전자는 방출되고 금방 일반 전자와 부딪히게 된다. 양전자는 전자와 만나면 소멸하는데 그 과정에서 한 쌍의 감마선의 형태로 에너지를 내놓는다. 감마선은 몸 밖에서도 쉽게 측정할 수 있으며 PET 기사들은 방출된 위치를 쉽게 찾아낼 수 있다.

PET의 유용한 응용 중 하나는 갑상선의 어느 영역이 죽어 있는지(아이오딘을 흡수하지 않아서 감마선이 나오지 않는다) 아니면 항진증인지 (다른 부위보다 아이오딘을 많이 흡수해서 감마선을 많이 낸다) 알려주는 것이다.

PET 스캔은 큰 병원에서는 매일 하는 작업이다. 반물질은 이제 일상에서 의학 진단에 유용하게 쓰이는 도구가 되었다.

반물질은 더 이상 과학 소설 속의 얘기가 아니다.
사실상 미국의 모든 대형 병원에서
암과 기타 질병을 진단하는 데 쓰이고 있다.

하얗게 보인다고 깨끗한 건 아니다

흰색 표면은 모든 파장의 태양빛을 반사하며 스펙트럼의 모든 색깔을 담고 있다. 하지만 이 중 일부는 눈에 보이지 않는다. 만약 옷에 자외선의 일부를 가시광으로 바꾸어 주는 화학물질인 '인광물질*'을 첨가한다고 해 보자. 그러면 이런 옷은 자외선은 그대로 두고 다른 빛만 반사하는 다른 하얀 옷에 비해 더 밝게 빛나 보일 것이다.

하얀 옷을 만드는 경우에는 이렇게 인광물질을 첨가해서 더 밝게 만들곤 한다. 세제 업체에서도 마찬가지로 인광물질을 첨가한다. 어떤 인광물질은 옷 섬유에 달라붙는데, 가끔 사람들은 그걸 보고 더 깨끗하다고 생각한다. 사실 세제의 인광물질이 남을 때만 이렇게 보이므로 이 반짝임이 실제로 더 깨끗하다는 걸 의미하진 않는다. 사실은 인광물질이 덕지덕지 묻은 상태니까.

비가시광선(자외선이나 적외선)에서 빛나는 흰색 옷의 정체는 옷의 섬유 속에 있는 인광물질이다. 비가시광선이 내는 빛은 대부분 자외선이라 인광물질을 자극해서 약간 푸른빛을 띠게 된다.

---

*인광물질 : 인광은 흡수한 빛을 천천히 내보내는 현상인 반면, 형광은 짧은 시간에 다시 내보내는 점이 다르다. - 옮긴이

광고회사

'흰색보다 더 하얀 옷'은 말 그대로 정말 하얗게 '보이는' 것이다.
이건 단순한 광고 카피가 아니라 물리에 기반을 둔 메시지다.

16퍼센트만 빛나는 백열전구

일반 전구의 필라멘트에서 나오는 빛의 84퍼센트는 눈에 보이지 않는 열방사, 즉 적외선이다. 전구는 필라멘트가 뜨거울수록 더 효율이 좋다. (효율이 좋다는 것은 에너지 중 더 많은 부분이 가시광선으로 나온다는 뜻이다.) 할로겐 램프가 더 밝지만 또한 위험한 것도 온도가 더 높기 때문이다. 게다가 필라멘트가 뜨거울수록 전구는 더욱 빠르게 타 버린다. 사실 필라멘트는 타는 것이 아니라 필라멘트의 금속 성분이 고온에 조금씩 증발하는 것이다. 어느 정도 금속이 증발하고 나면 필라멘트는 끊어진다.

아이러니하게도 '수명이 긴' 텅스텐 전구라고 파는 것들은 필라멘트의 온도를 낮게 만든 것이다. 즉 효율이 더 안 좋다는 얘기다. 텅스텐 전구의 빛은 약 90퍼센트 이상이 눈에 보이지 않는다. (낭비되는 셈이다. 적어도 사람 눈으로 보기엔…….)

사실 온도를 올리지 않고도 효율을 훨씬 높게 만들 수 있다. 형광등은 전구의 3분의 1 정도의 에너지로 같은 양의 빛을 만들어 낸다. 발광다이오드(LED)도 비슷한 정도로 효율이 높으며 요즘에는 손전등에도 널리 쓰이고 있다.

집에서 흔히 사용하는 백열전구가 내는 빛 중
84퍼센트는 눈에 보이지 않는다.

지각의 단열효과

지구의 핵은 약 2,800도로 태양표면 온도의 절반에 가깝다. 하지만 지각이 매우 좋은 단열제인 덕분에 우리는 산 채로 튀김이 되지 않는 것이다. 만약 지각을 벗겨 낸다면 핵의 열은 여러분을 증발시켜 버릴 수도 있다.

지각의 이런 좋은 단열성은 지열 에너지 활용에는 단점이 되기도 한다. (90쪽 참조)

지구의 지각을 벗겨 내고 안을 들여다본다면
1초도 안 되어 바삭바삭하게 타 버릴 것이다. 그 정도로 뜨겁다.

지열 에너지 지구 깊숙한 곳의 방사능이 만들어 내는 열의 흐름인 지열은 화산, 간헐천, 지진의 원천이다. 이 땅속 깊은 곳에서 올라오는 에너지의 규모는 30TW(테라와트, 3 뒤에 0이 13개나 붙는다)나 되는 어마어마한 양이다.

하지만 지구의 표면적도 어마어마해서, 약 500조 m^2나 된다. 면적당 양으로 따져보면 m^2당 0.06와트에 불과하다. 이 양은 태양광에서 오는 에너지의 1만 분의 1정도다. (낮과 밤을 평균해서) 즉 태양광과 비슷한 양의 지열을 모으려면 1만 배의 면적이 필요하다는 뜻이다. 이런 문제 때문에 지열 에너지는 지구 상 대부분의 지역에서는 비실용적이다. 하지만 땅속의 열과 마그마가 좁은 지역에 집중되는 아이슬란드 같은 몇몇 예외 지역도 있다.

지열의 에너지 규모는 엄청나지만 너무 넓게 퍼져 있어서
지구 전체를 짜내지 않는 한 별로 실용적이지 않다.

다이아몬드보다 더 예쁜 큐빅 한때 다이아몬드는 그 반짝임을 기준으로 가치를 매겼다. 다이아몬드는 분산성이 매우 강한데, 백색광을 무지갯빛으로 쪼개는 정도가 크다는 의미다. 다이아몬드는 다양한 색깔을 각기 다른 방향으로 보낼 수 있게 복잡한 방식으로 가공된다.

물론 한때는 그 희소성 때문에 매우 비쌌고 정말 사랑하는 (혹은 그런 인상을 주고 싶은) 단 한 사람에게만 선물하곤 했다.

지금은 다이아몬드보다 훨씬 분산성이 크고 값도 싼 큐빅이라 불리는 인공 결정을 만들 수 있다. 그럼 그걸 사랑하는 사람에게 준다면 뭘 증명할 수 있을까? 훌륭한 취향? 지성? 좋다. 그런데 그게 값이 싸다면 당신의 사랑을 증명해 줄까?

많은 사람들이 분명히 아름다움보다는 가격이 더 중요하다고 생각한다. 이제 다이아몬드는 더 이상 그 아름다움 때문에 비싼 것이 아니라 그저 비싸기 때문에 비싼 것이다. 보석상들이 높은 가격을 유지하기 위해서 물량을 시장에 풀지 않는 것까지 고려하면 다이아몬드는 사실 희귀하지도 않은 셈이다.

큐빅의 다른 문제는 다이아몬드보다 훨씬 예뻐서 다이아몬드와 다르다는 걸 쉽게 구별할 수 있다는 점이다. 물리학자들은 큐빅이 좀 더 다이아몬드와 비슷하게 보이도록 덜 반짝거리게 만들려고 열심히 연구하고 있다.

큐빅으로 만든 '가짜 다이아몬드'는 진짜 다이아몬드보다 훨씬 예쁘다.
그것의 단점은 비용이 적게 든다는 것이다.

빛의 속도 트랜지스터라디오 수신기를 뜻하는 '트랜지스터(transistor)', 마이크로파 오븐을 뜻하는 전자레인지(microwave)처럼, 광속이라는 단어도 사실은 '진공 상태 속 빛의 속도'의 줄임말이다. 물리학자들이 "광속보다 빠른 것은 없다."라고 말하는 것은 어떤 물체나 신호도 진공 상태 속 빛의 속도인 시속 30만 킬로미터보다 빠를 수는 없다는 뜻이다.

빛은 물이나 유리처럼 투명한 물질을 통과할 때 속도가 느려진다. 전자기파인 빛의 전기장이 원자를 흔들면서 지나가기 때문인데 이때 빛은 마치 질량을 얻은 것처럼 행동한다. 이때 속도가 느려지는 정도를 나타내는 것이 굴절률이다. 물의 굴절률은 약 1.33이고, 유리는 1.5 정도된다. 다이아몬드는 2.4인데, 빛의 속도가 다이아몬드를 지날 때는 시속 12만 5,000km 정도라는 의미다. 입자가속기에서 가속된 입자들을 생각하면 그 정도 속도보다 빠른 것은 꽤 많다. 원리적으로는 당신도 빛보다 더 빠를 수 있다. (굴절률이 충분히 큰 물질만 있다면)*

---

*굴절률이 매우 큰 물질이 있다면 빛의 속도를 아주 느리게 만들 수 있다는 뜻. ─ 옮긴이

빛이 언제나 광속으로 이동하는 것은 아니다.
물, 유리, 다이아몬드를 통과할 때는 속도가 느려진다.
다이아몬드를 통과할 때의 광속이라면,
여러분도 광속보다 빠르게 움직일 수 있다.

오존 오존층은 태양에서 오는 자외선에 의해 만들어진다. 강한 에너지를 가진 자외선은 산소분자(O_2)를 쪼개고 자유로워진 산소 원자 중 일부는 다른 산소 분자에 들러붙어 오존(O_3)이 된다. 오존은 지표에 닿는 일부를 제외한 대부분의 자외선을 흡수해서 화상이나 피부암을 막아 준다. 하지만 이렇게 자외선을 흡수하는 과정에서 에너지를 흡수하기에 오존층이라고 부르는 상층부의 대기는 가열된다.

높은 곳에 올라가면 처음에는 올라갈수록 점점 차가워진다. 산꼭대기의 눈이 여름에도 남아 있는 것도 그런 이유다. 위쪽이 차가운 이유는 공기가 위로 올라갈수록 팽창하기 때문인데, 공기는 팽창하면 차가워진다. (단열팽창) 하지만 오존이 자외선을 흡수하는 성층권까지 올라가면 대기는 다시 따뜻해지기 시작한다.

적란운은 따뜻하고 가벼운 공기로 되어 있어서 차갑고 무거운 공기를 뚫고 위로 올라간다. 물속의 기포가 위로 올라가는 것과 같은 원리다. 하지만 오존층에 있는 따뜻한 공기에 닿으면 더 이상 올라가지 못하고 옆으로 퍼지기 시작해서 강력한 폭풍의 전조인 모루구름이 된다.

오존층이 어디쯤에 있는지 알고 싶다면 모루구름*을 찾아보시길.

---

*모루구름 : 수직으로 발달된 구름덩이가 산이나 탑 모양을 이루는 적란운 윗부분에 나팔꽃 모양으로 퍼진 구름으로 변종이다. 모루구름은 윗부분이 섬유 모양으로 넓게 퍼져 있는 것이 특징이다.

태양의 자외선으로부터 우리를 보호해 주는 오존층은
뜨거운 여름에 태풍이 다가올 때 쉽게 보인다.
하늘에서 적란운이 올라가다가 멈추고
옆으로 퍼져나가는 곳을 살펴보시길.

풍력 에너지 연을 날려본 적이 있다면 높은 곳의 바람이 매우 세다는 걸 알 것이다. 지면과의 마찰 때문에 낮은 곳에서는 공기 흐름이 느려지기 때문이다. 그래서 최신 풍력 발전기는 강한 바람을 이용하기 위해서 매우 높게 세운다.

자유의 여신상은 많은 사람들이 생각하는 것만큼 높진 않다. 바닥부터 횃불 꼭대기까지 겨우 45m 정도다. 약 15층 건물 수준으로 뉴욕의 다른 건물에 비하면 작은 편이다. (물론 주변 사물들에 비하면 크긴 크다.) 그에 비해, 독일에 있는 에너콘 사의 풍력 발전기는 기둥 높이만 135m에 날개 반경이 45m이니 총합이 180m나 된다!

풍력 발전기 중 어떤 것들은
자유의 여신상보다 4배나 높다! 왜일까?

에디슨과 테슬라의 전기 싸움

1903년, 토마스 에디슨은 니콜라 테슬라와 한창 다투는 중이었다. 에디슨은 몇 블록마다 화력발전소를 세워 저전압 직류로 도시에 전기를 공급하고자 했고, 테슬라(그리고 그의 후원자인 조지 웨스팅하우스)는 송전 효율이 높아서 발전소를 좀 더 멀리 떨어진 곳에 세울 수 있는 고전압 교류 전원을 지지했다.

에디슨은 고전압이 위험하다고 주장했다. (여기까지만 읽고 싶을지도 모르겠다) 그리고 이를 증명하기 위해서 고전압이 강아지 같은 작은 동물들을 죽일 수도 있다는 것을 보여 주는 영상을 만들었다. 그 후에는 말과 같은 좀 더 큰 동물로 같은 실험을 했다. 한 번은 톱시(Topsy)라는 이름의 코끼리가 3명(불 붙인 담배를 준 사람을 포함해서)을 죽여 사형선고를 받았다. 에디슨은 전기사형이 효율적이고 인도적이라고 주장했으며 미국동물애호협회(ASPCA)도 그것을 승인했다. 결국 톱시는 전기사형을 당했다. (이 비극적인 사건이 영화 〈덤보〉의 모티브가 되었다.) 결국 에디슨은 사형수도 전기사형에 처하도록 뉴욕 주를 설득했다.

그렇지만 결국 테슬라의 고전압 교류 전원이 승리했고 오늘날 우리는 그 방식으로 전기를 사용하고 있다. 전기는 가정에 들어오기 전에 변압기를 거쳐 낮은 전압으로 바뀐다. 변압기는 직류에서는 동작하지 않는다.

교류는 '교대로 바뀌는 전류'의 약자로 전류가 흐르는 방향이 1초에 60번 바뀐다. (유럽에서는 50번) 직류는 '똑바로 흐르는 전류'로 같은 방향으로만 흐르는 전류를 뜻한다. 건전지는 직류 전원이다.

토마스 에디슨은 코끼리를 사형시키는 데 전기를 사용하자고 제안했다.
'나쁜 코끼리' 톱시는 이렇게 사형당했다.
에디슨은 이 과정을 영상으로 만들었으며 지금도 인터넷에서 찾아볼 수 있다.
하지만 웬만하면 보지 마시길.

군사기밀이었던 나침반 나침반은 한때 군사기밀로 꼭꼭 숨겨졌

었다. 원래는 자화(磁化)된(자석이 된) 바늘을 물 위에 띄워놓는 형태였는데, 바늘은 지구 자기장 방향으로 정렬되었다. 흐린 날, 폭풍이 몰아치는 날, 그리고 밤에 항해하는 군함과 상선에는 더할 나위 없이 중요한 것이었다. 나침반을 항해에 처음으로 이용한 것은 12세기 무렵의 중국과 유럽으로 거슬러 올라간다. 어쨌건 현대의 방향 안내 도구인 GPS와 마찬가지로 나침반 또한 엄청난 가치가 있었기에 비밀은 금방 널리 퍼져나가게 되었다. 1620년 프랜시스 베이컨은 세상을 혁명적으로 뒤바꾼 세 가지 물건 중 하나로 나침반을 꼽았다. 나머지 두 가지는 화약과 인쇄술이었다. 바퀴를 포함시키지 않은 걸 보면 '근세'를 뜻했던 것이리라.

나침반의 바늘은 지구의 자기장에서 오는 힘을 받아 움직이지만, 지구도 하나의 거대한 자석이라는 사실은 훨씬 뒤인 1600년대까지 알려지지 않았다. 그 전까지 대부분의 사람들은 북극성이 나침반 바늘을 끌어당긴다고 생각했다. 하지만 엘리자베스 1세의 주치의였던 윌리엄 길버트는 그의 (라틴어) 기록에서 "지구는 훌륭한 자석이다."라고 적고 있다.

지구 자기장에 대해서는 104쪽을 참고.

자기력은 한때 군사 기밀이었다.

불규칙한 자기극

이거 한번 생각해 보자. 북쪽을 가리키는 나침반 바늘의 끝은 자석의 남극에 끌리고 있다. 하지만 한편으로는 지리적인 북극 쪽으로 당겨지고 있기도 하다. 그러므로 지리적 북극은 실제로는 자기 남극이다.

하지만 언제나 그랬던 것은 아니다. 지구에 대한 가장 놀라운 발견 중 하나는 지구의 자기극이 불규칙하게 바뀌곤 한다는 사실이다. 극이 바뀌려고 할 때는 우선 몇 백 년에 걸쳐 자기장이 사라진다. 그 후엔 수천 년 정도 실제로 자기장이 없는 시기가 이어지다가 자기장이 돌아오는데 종종 반대 방향이 된다. 그런 경우를 '지자기 반전'이라고 부른다. 만약 돌아온 자기장이 원래와 같은 방향이라면 지자기 외유(magnetic excursion)라고 부른다.

가장 최근에 일어난 지자기 반전은 약 80만 년 전이었다. 이론은 많지만 아직 우리는 왜 이런 현상이 일어나는지 모른다. (나도 내가 세운 이론으로 논문을 냈지만 아직까지도 옳은지 아닌지 밝혀지지 않았다.) 설명이야 어찌 되었건, 이런 반전의 흔적은 퇴적암에 새겨져 있어서 그런 퇴적암의 연대 측정에 매우 유용하게 이용된다.

자기장을 따지자면 북극은 사실 남극이다.
하지만 80만 년 전에는 북극이 진짜 북극이었다.

지구 온난화 지구 전체의 온도를 측정하는 네 군데 주요 연구팀 중 세 곳에 따르면 지금까지 가장 더운 해는 1998년이었다. 그 이후로는 점차 낮아졌다. 하지만 그것이 꼭 지구 온난화가 멈추었다는 것을 의미하진 않는다. 온도 상승이 멈춘 것은 일시적인 태양 활동의 감소(최근 흑점의 활동이 매우 약해졌다)나 상층부 대기의 증발(실제로 관측되었다)에 의한 것일 수도 있다.

그러니 아직 마음을 놓지 마시길. 이산화탄소 농도는 계속 증가하는 중이고 뭔가 그것을 상쇄하지 않는다면 온실효과는 온도 증가로 바로 이어진다. 늘어난 이산화탄소는 지구의 열 방출을 다시 지표면으로 반사하고 온난화의 원인이 된다. 하지만 대기 현상은 매우 복잡하기 때문에 이렇게 될 거라고 확신할 수는 없다. 이 문제를 연구하는 UN 위원회에 따르면 그런 방식의 온난화가 일어날 가능성은 90퍼센트 정도 확실하다고 한다.

결국 100년 정도 후에는 이산화탄소가 바다를 점차 산성화시킬 것이다. 그러니 설사 지구 온난화가 멈춘다고 하더라도 여전히 심각하게 우려할 문제가 남아 있는 셈이다.

온도는 더 오르진 않지만
뭔가 예방 조치를 취하는 것도
나쁘진 않습니다.

지난 12년간 눈에 띌 만한 지구 온난화는
일어나지 않았다.

그 별이 정말 거기에 있을까?

빛은 1초에 30만km를 움직이는데, 태양은 1억 5,000만km 떨어져 있어서 지구까지 빛이 도달하는 데는 8.6분 정도가 걸린다. 상대성 이론에 따르면 어떤 종류의 폭발이나 신호도 진공 중에서 빛의 속도를 넘을 순 없다. 그러니 만약 태양에 무슨 일이 생긴다면, 심지어 초신성 폭발이 일어나더라도 최소한 8.6분 동안은 지구에 도달하지 않는다. 그런 일이 일어나도 8.6분 전에는 알 수가 없는 셈이다.

마찬가지로, 별을 볼 때도 우리는 지금 그대로의 별의 상태를 보고 있는 것이 아니다. 하늘에서 가장 밝은 별인 시리우스는 지구에서 약 8.6광년 떨어져 있다. 밤하늘에서 시리우스를 본다면 8.6년 전의 모습을 보고 있는 것이다. 어쩌면 그 별은 이미 거기에 없을 수도 있다!

만약 태양이 8분 전에 폭발했다고 하더라도, 당신은 그걸 알 수가 없다.
하지만 1분만 더 기다려 보시라.

허리케인 허리케인 카트리나는 먼 바다에서는 5등급이었지만 뉴올리언즈에 상륙할 때는 3등급에 불과했다. 3등급 태풍은 평범한 수준이다. 바꿔 말하자면 지난 30년간 발생했던 3등급 태풍 중 어느 것이라도 뉴올리언즈를 강타했다면 도시를 초토화시킬 수 있었다는 얘기다. 하지만 카트리나 이전의 태풍들은 모두 뉴올리언즈를 빗겨갔다.

많은 사람들이 파괴적인 규모의 태풍들이 지구 온난화로 인해 더 자주 발생하고 있다고 오해하고 있다. 미국 국립허리케인센터에 따르면 사실은 그렇지 않다. 우리가 열심히 찾는 만큼 관측되는 태풍의 개수가 늘어난 것뿐이다.

예전엔 태풍이 실제로 해변을 강타하고 나서야 태풍의 세기를 알 수 있었다. 그 후 1943년, 미국에서 '허리케인 헌터'를 발족했다. 그들은 파도의 움직임과 항해하는 선박들의 제보를 바탕으로 먼 바다로 날아가서 허리케인을 찾아다녔다. 1960년대에는 인공위성을 이용해서 풍속을 측정하기 시작했다. 바다에는 파도를 감지하고 해수면의 풍속을 측정할 부이(buoy, 계선 부표)도 설치했다. 2005년부터는 무인관측기를 보내기 시작했다.

그런 다양한 관측활동으로 오늘날 우리는 50년 전보다 훨씬 많은 허리케인을 관측하고 있다. 2005년 허리케인 제타 이후, 처음으로 다시 알파벳의 첫 번째 글자부터 사용하게 되었다. 허리케인의 숫자가 늘어난 것 같지는 않지만(매 10년마다 미국 연안을 강타하는 태풍의 개수를 보면 거의 일정하다) 관측된 숫자가 늘어난 것이다.

어떤 사람들은 허리케인의 풍속이 점점 강해지고 있다고 생각하기도 하는데, 이 역시 잘못된 인식이다. 잠깐 동안 5등급(251km/h 이상)으로 분류되었던 허리케인들은 나중에 세기가 약해진 후에도 신문에서 그런 식으로 다루어지곤 한다. 카트리나는 바다에선 5등급이었지만 뉴올리언즈에 상륙할 때는 3등급으로 약화되었다. (178~210km/h) 카트리나는 뉴올리언즈에 제방이 세워진 후 처음 온 3등급 허리케인이었다.

허리케인 카트리나가 뉴올리언즈에 상륙할 때는
비정상적으로 거대한 폭풍이 아니었다.
지난 수십 년간 그 정도 태풍은 수도 없이 많았고
그중 어떤 것이라도 도시에 홍수를 일으킬 수 있었다.
단지 카트리나가 처음으로 상륙한 것일 뿐이다.

별에서 온 우리 농담이 아니라 우리는 정말로 재로 만들어졌다. 어떻게 아느냐고? 엄청나게 뜨거웠던 빅뱅에서 살아남은 원소들은 수소와 헬륨뿐이었다. (뭐, 다른 이론에 따르면 아주 소량의 리튬도 있었을지도 모른다.) 하지만 우리는 탄소와 산소, 그리고 수소로 이루어져 있다. (탄수화물의 구성 원소) 빅뱅 때 만들어진 게 아니라면 대체 생명에 반드시 필요한 탄소와 산소는 어디서 온 걸까?

이런 원소들은 별의 중심에서 핵융합이라고 부르는 과정을 통해 만들어졌다. 핵융합 반응 중 하나로 3개의 헬륨 원자핵이 뭉쳐서 탄소를 만들고, 산소는 그런 탄소로부터 비슷한 과정을 통해 만들어진다.

하지만 이런 원소들이 별의 중심부에 갇혀 있다면 생명이 만들어지는 일은 불가능했을 것이다. 하지만 가끔 거대한 별들은 초신성 폭발을 일으키는데, 이때 내부의 원소들을 우주로 쏟아낸다. 초신성의 잔해들은 만유인력에 의해 서로 이끌려 다시 뭉쳐서 우리가 지금 '태양'이라고 부르는 것이 만들어졌다. 남은 잔해들은 태양 주변을 돌면서 남게 되었고, 그것들이 뭉쳐져 생명의 원소가 가득한 지구와 다른 행성들이 만들어졌다. 그리고 여기 우리가 있다.

인간은 폭발한 별의 부스러기다.

유기농 채소가 더 위험하다

유기농식품을 재배하려면 농부들은 '자연 저항력'이 있는 식물을 골라야 한다. 이런 식물들은 어떻게 그런 능력을 얻었을까? 저명한 생화학자 브루스 에임스가 연구한 결과 식물들은 자신을 먹으려고 하는 벌레와 그밖의 생물들을 죽일 수 있는 독소를 만들어내서 저항하는 것을 발견했다. 그의 말에 따르면 "식물들은 달아날 수 없기 때문에 생화학 무기를 사용한다."

보통 농부들은 병충해에 약한 것을 포함해서 원하는 작물을 선택하고 인공 살충제를 살포해서 병충해를 막는다. 반면에 유기농 작물 재배자들은 자연 저항력을 가진 작물들을 고르는데, 달리 말하면 전신이 독으로 가득한 작물을 키우는 셈이다. 이런 독소가 농도가 낮을 땐 사람을 죽일 정도는 아니지만 암을 유발할 수는 있다. 일반적으로 유기농 농산물에 들어 있는 천연 살충제는 미국 농무부의 허가를 받은 인공 살충제에 비해 수천 배의 발암성이 강하다. 또한 그런 물질들은 농산물의 일부이기에 씻어낼 수도 없다.

그건 그렇고, 나도 유기농을 좋아하고 잘 먹는 편이다. 그런데 주된 이유는 유기농 재배하는 사람들이 더 맛있게 키우기 때문이다. 망할 발암물질 같으니! 진짜 맛있는 게 바로 앞에 있건만.

유기농 농작물은 인공 살충제를 써서 키운 것보다
훨씬 독성과 발암성이 강하다.

우주 우리는 그동안 천체 간의 중력과 팽창속도를 통해 우주의 질량에 대해 꽤 정확한 측정 수치를 얻어냈다. 그동안 알아낸 것을 종합한 표를 살펴보자.

- 일반 물질 (대부분 수소와 헬륨이고 약간의 탄소, 산소, 실리콘과 같은 무거운 원소가 있다)은 약 4퍼센트다. 이것들은 빛을 내는 항성, 행성, 혜성 그리고 인간을 이루는 물질이다.

- 전체의 30퍼센트를 차지하는 암흑 물질은 빛을 내지 않기 때문에 이런 이름이 붙었다. 우리가 암흑 물질에 대해 알게 된 것은 예상과 다른 은하의 움직임 때문이었다. 우리는 아직 이 물질의 정체가 무엇인지는 모르고 있다. 유력한 두 가지 후보는 WIMP(약한 상호작용 소립자, 영어로 wimp는 겁쟁이라는 뜻)와 MACHO(무겁고 작은 혜일로 물질, 영어로 macho는 남자답다는 뜻)이다. 물리학 약자 중 가장 기발하게 잘 지은 이름들이다.

- 우주의 나머지는 암흑 에너지라고 부르는 훨씬 더 신기한 것으로 채워져 있다. 이것이 무엇인지에 대해서는 이렇다 할 후보도 없다. 우리가 그런 게 존재한다는 것을 아는 건 빅뱅 이후에도 계속 팽창이 가속하는 현상 때문이다. 우리가 이것에 '에너지'라고 이름 붙인 것도 그런 성질 때문이다.

우주는 무엇으로 만들어져 있을까? 잘 모른다.
우리가 알고 있는 일반적인 원자, 분자, 이온 같은 별과 행성의 구성 물질은
겨우 전체의 4퍼센트이며 나머지는 무엇인지도 모르는
'암흑 물질'과 '암흑 에너지'로 되어 있다.

우주여행은 가능할까?

우주여행이 비싼 건 모두 로켓이 비효율적이기 때문이다. 공기를 밀면서 나는 비행기와는 달리 로켓은 폭발하는 연료를 뒤로 밀어내서 추진력을 얻는다. 최대 에너지로 뒤로 뿜어내는 화학 연료는 1.6km/s 미만으로 저궤도를 도는 데 필요한 최소 속도인 8km/s에 훨씬 못 미치기 때문에 가속은 매우 느리다. 스페이스 셔틀은 위성을 궤도에 올리는 데에 무게 1kg이 늘어날 때마다 연료 30kg이 더 필요하다.

보다 효율적으로 우주에 올라가기 위해서 NASA에서는 궤도에 올라갈 수 있을 정도로 빠른 비행기를 연구 중이지만 아직 그런 극초음속기가 상용화 되려면 수십 년은 멀었다. 어떤 사람들은 거대한 엘리베이터가 가장 낭비가 적은 방법이라고 생각하지만 저궤도에 머물기 위해서는 8km/s로 움직이는 위성이 필요한데, 현재로서는 여전히 로켓이 필요하다.

레일 건(rail gun)이라고 부르는 최신 발명품은 로켓보다 훨씬 더 효율적이다. 하지만 1.6km짜리 길이의 레일 건이 있다고 해도 필요한 속도까지 가속하려면 중력의 2,000배에 달하는 가속도가 필요하다. 그 정도의 가속도라면 우주비행사뿐만 아니라 대부분의 위성도 버틸 수가 없다. [2,000g의 가속도에서 우주비행사에 가해지는 힘은 무게의 2,000배에 해당한다. 1kg이 2t(톤)이 되는 셈이다.] 반면에 스페이스 셔틀의 가속도는 겨우 중력의 3배밖에 안 된다.

뭔가를 궤도에 쏘아 올리려면 약 450g에 5,000달러,
그리고 약 13kg의 연료가 든다.
제조업체로써는 우주를 이용하기 어려울 수밖에!

임계질량 플루토늄 연쇄반응을 일으키려면 임계질량을 넘어야 한다. 임계질량이란 한 번의 분열반응에서 나오는 중성자가 밖으로 빠져나가지 않고 다음 원자핵과 반응해서 다음 분열을 일으키기에 충분한 양을 뜻한다. 60단계의 연쇄반응이면 덩어리 안의 대부분을 폭발시킬 수 있다.

플루토늄의 임계질량은 겨우 6kg에 불과하다. 플루토늄은 밀도가 높아서 (납의 2배 정도 된다) 6kg이라면 350㎖ 컵이나 큰 머그잔에 딱 들어갈 정도다.

이 컵 안에 든 6kg이 몽땅 반응을 일으킨다면 그 에너지는 TNT 100t과 맞먹는다. 1944년 뉴멕시코 주 알라모고도에서 실험한 최초의 플루토늄 원자폭탄은 전체의 20퍼센트 정도만 반응하고 나머지는 그 에너지에 의한 폭발로 흩어져 버렸다. 그렇게 나온 에너지는 겨우 TNT 20kt(킬로톤)에 불과했다.

맨하탄 블렌드

"강렬한 한 잔"

머그컵 한 잔의 플루토늄이면 원자폭탄을 만들 수 있다.

폭탄 제조 우라늄 원자폭탄을 만드는 건 꽤 간단하다. 거의 순수한 두 조각의 우라늄-235(가벼운 우라늄)를 준비해서 하나를 다른 한 쪽에 쏴서 한 덩어리로 만들어 임계질량을 맞춘다. 히로시마에 사용된 원폭은 약 45kg의 우라늄-235가 사용되었다. 그러니 이 10대들이 해야 할 일은 사실 농축 우라늄과 중형 대포를 준비하는 것뿐이다.

플루토늄으로 만드는 건 내폭이라는 것이 필요해서 훨씬 어렵다. 그건 10대들이 할 수 있는 수준을 훨씬 넘는 것이다.

우라늄 폭탄이라면 어려운 부분은 농축 우라늄을 얻는 과정이다. 일반 우라늄은 대부분 우라늄-238인데, 이걸로는 폭탄을 만들 수 없다. 우라늄-238은 분열은 하지 않고 중성자를 몽땅 흡수하기 때문이다. 그래서 자연 우라늄에 들어 있는 0.7퍼센트 정도의 분열 가능한 우라늄-235를 거의 100퍼센트로 만들어야 한다. 그 '농축'이라고 부르는 과정이 엄청나게 어렵다. 미국이 2차 세계대전 중에 칼루트론이라는 장치로 농축하는 데에도 1년이 꼬박 걸렸다. (124쪽) 전쟁이 끝난 후, 미국은 테플론을 이용한 열확산법을 이용하기 시작했다. 요즘은 원심분리기라는 최신 기술을 사용한다. (파키스탄, 이란 같은 국가에서도 사용한다) 이런 기술들은 상상을 초월하게 어려워서 10대의 능력을 아득히 넘어선다.

하지만 학생들이 우크라이나 같은 곳에서 밀수된 우라늄-235를 손에 넣는다면……

10대들이 원자폭탄을 만들 수 있을까?
아마도.
난감한 부분은 농축 우라늄을 구하는 것이다.

우라늄 폭탄과 플루토늄 폭탄

2차 세계대전 중, 위대한 물리학자 어네스트 로렌스는 무겁고 쓸모없는 일반 우라늄(238)에서 가벼운 우라늄을 분리하는 농축법을 발견했다. 그 방법은 우라늄을 증발시킨 후, 한 방향으로 가속시키고 자기장 안에서 경로를 휘게 만드는 것이었다. 가벼운 우라늄-235는 자기장 안에서 경로가 더 많이 휘어서 우라늄-238과는 다른 위치로 나오게 된다. 전쟁의 막바지에 이 기계는 폭탄 하나를 만들기에 충분한 양의 우라늄을 모았고, 그 폭탄은 히로시마에 투하되었다. 그 시절에 만들어져 알라모고도와 나가사키에 투하된 2개의 폭탄은 우라늄이 아니라 플루토늄 폭탄이었다.

우라늄 증기는 곡선 경로로 움직이게 만들어져서 우라늄 농축 기계의 형태는 거대한 C자 모양이었다. C는 또한 UC버클리의 별명이자 심볼인 Cal과도 닮았다. 로렌스는 이미 사이클로트론(그에게 노벨상을 안겨 준)을 발명했었고, 이 거대한 C자 모양의 질량 분석기에는 자신의 대학 이름을 붙이기로 했다. 그리고 칼루트론이라는 이름을 지어 주었다.

히로시마에 투하된 원폭을 만들었던 우라늄 농축기계는
UC버클리의 별명인 'Cal'에서 이름을 따왔다.
물론 수학여행에서 이런 걸 얘기해 주진 않는다.

The Earth 다른 행성 이름 앞에는 붙이지 않는 'the'를 왜 지구 앞에 붙이는지에 대해서는 어떤 물리적인 설명도 없고, 아마 문법적인 설명도 없을 것이다. 그렇다고 지구와 구분해야 할 다른 지구들이 있는 것도 아닌데 말이다. 영어는 가끔 보면 좀 이상한 것 같다. 마찬가지로 'the 맨하탄'이라고는 하지 않으면서 왜 'the 브롱크스'라고 하는지도 궁금하다.

왜 우리는 지구를 부를 때 그냥 지구라고 하지 않고 'the'를 붙일까?
어쨌든, the 화성, the 목성이라고 부르지도 않는데.

명왕성은 과연 행성이 아닐까? 행성이라는 단어는 그리스어

로 방랑자를 뜻한다. 옛날 사람들은 하늘에 고정된 별들 사이를 움직이는 별 같은 천체를 행성이라고 불렀다. 1930년 명왕성이 발견되었을 때도 별처럼 움직이는 천체로 보았고 즉시 9번째 행성으로 명명되었다.

지금은 명왕성이 매우 작고 대부분 바위와 얼음으로 이루어져 있다는 것을 알려져 있기에 행성이라기보다는 혜성에 가까운 것 같다. 그리하여 2006년 국제천문학연합 학회에서 투표를 통해 더 이상 행성으로 부르지 않고 '왜소행성'으로 부르기로 결정했다.

천문학자들끼리야 명왕성을 달리 뭐라고 부르든 그럴 자유가 있다고 본다. 하지만 1930년에 명왕성이 발견되었을 당시엔 IAU에서 이름을 주지 않았다. 그 이름은 발견자가 붙여 주고 모두가 합의한 이름이었다. 그럼 누가 IAU에 명왕성을 강등시킬 권리를 준 걸까? 아무도 그런 권리를 준 적이 없다. 권위를 내세운다고 해서 정당성이 생기는 건 아니다. (나도 IAU 회원이지만 말이다.)

내 강의 시간에 학생들을 대상으로 투표를 해본 결과 명왕성을 다시 행성으로 복권하는 것에 512대 0으로 만장일치하는 결과가 나왔다. 행성 지위를 박탈했던 IAU의 회의 규모보다 내 강의 수강 학생 수가 더 많았으므로, 내 전문적인 의견으로는 명왕성은 여전히 행성이라고 본다.

명왕성이 더 이상 행성이 아니라고?
국제 천문학 연합이 2006년에 그렇게 결정했기에 대부분의 천문학자들은
그렇게 생각한다. 하지만 난 반대다.
명왕성은 46억 년 동안 행성이었고 여전히 그렇다.

지구의 회전 운동 지구는 남북극을 축으로 24시간에 한 바퀴씩 돌고 있다. 적도의 둘레는 약 3만 8,600km이고 적도 위의 모든 점은 1,600km/h로 움직이고 있다. 북쪽으로 좀 떨어진 뉴욕이나 샌프란시스코에서는 속도가 조금 느려서 1,200km/h 정도다. 반면 제트 여객기는 보통 960km/h 정도로 날아다닌다.

만약 남극이나 북극에 있다면 여러분은 움직이진 않겠지만 제자리에서 뱅뱅 돌게 되는데, 하루에 한 바퀴이므로 어지러울 정도는 아닐 것이다. 중위도에서는 움직이기도 하고 회전하기도 한다. 이런 지구의 회전 운동이 바로 허리케인과 태풍을 회전하게 만드는 힘이다.

우주 규모의 빠른 운동에 대해서 알고 싶다면 52쪽을 보길.

의자에 가만히 앉아 있다고 하더라도 당신은 사실 지구의 축을 중심으로
제트 여객기보다 빠른 속도로 돌고 있다.

전기차의 실패는 과학자탓

전기자동차를 실패로 이끈 진짜 원인은 물리학자와 화학자들이 충분히 값싼 배터리를 발명하지 못했기 때문이다. 그 때문에 가격이 엄청나게 비싸니 말이다. 배터리의 충방전 회수는 겨우 500회밖에 되지 않아서 배터리를 교체하는 비용이 아낄 수 있는 기름값보다 훨씬 더 비싸다. 물론 몇몇 전기 자동차가 만들어지긴 했지만 배터리 교체 비용이 너무 비싸서 돈 있는 사람들만을 위한 물건이 되어 버렸다. (20쪽 참고)

상대적으로 저렴한 납 배터리를 쓴다면 배터리로 가는 자동차도 실용적일 수는 있다. 하지만 같은 에너지양이라면 납 배터리는 리튬이온 배터리의 3~5배 정도 무게가 더 나간다. 자동차의 공간은 한정되어 있어서 납 배터리를 사용하면 결국 방전될 때까지 주행거리가 80km도 안 될 것이다. 이렇게 제한된 주행거리라고 하더라도 사람들이 아직 장거리 여행에 미치지 않은 개발도상국이라면 쓸 만할 것이다.

아마 조만간 물리학자와 화학자들이 값싸고 크기도 작고 수천 번 충전이 가능한 배터리를 개발해서 전기자동차를 구하러 오지 않을까. 그들도 열심히 연구 중이다.

누가 전기자동차를 죽였나? 정유 업계? 자동차 업계? 음모 세력?
사실 범인은 물리학이다.

주유하고 충전하는 데 드는 에너지의 양은? 2t짜리 차를

500km나 달릴 수 있는 에너지를 주유하는 데 3분밖에 걸리지 않는다는 걸 생각해 보면 이 과정에서 얼마나 엄청난 양의 에너지가 이동하는지 분명히 깨달을 수 있을 것이다.

숫자를 따져 보자. 4ℓ의 석유에는 120MJ(메가줄)의 열에너지가 들어 있지만 주유하는 데는 10초 정도밖에 걸리지 않으니 초당 12MJ을 주유하는 셈이다. 1W는 초당 1J이니, 1,200만J 혹은 12MJ로 에너지를 주유한 것이다.

전기 자동차의 경우는 충전하는 데 그보다 훨씬 오래 걸린다. 15A짜리 차단기에 110V 전압을 쓰는 가정이라면 15 × 110 = 1,650W를 쓸 수 있다. 아까 주유소에서 주유하는 속도(12MJ)와 비교한다면 7,300배 차이가 난다. 하지만 자동차에서 사용할 때 전기 에너지는 석유의 열 에너지에 비해 5배 정도 효율이 높으니 충전 시간은 1,460배밖에 차이 나지 않는다. 그렇게 따져 보면 일반 차량의 연료 탱크(약 40ℓ)를 채우는 데엔 100초 정도 걸리는 반면, 전기 자동차의 배터리를 충전하는 데엔 14만 6,000초(약 40시간)가 걸린다. 하지만 충전소에서 쓰는 충전기는 10배 정도 용량이 커서 완전히 충전하는 데 4시간밖에 안 걸린다!

주유소에서 주유할 때는 12MJ로 에너지를 전송하는 것이다.
1만 2,000가구의 일반 가정에 전기를 공급할 수 있는 양이다.

TNT보다 강력한 초콜릿

TNT가 폭약으로 사용되는 이유는 에너지의 양이 많아서가 아니라 수천 분의 1초 동안에 에너지를 발산할 수 있기 때문이다. 빠른 에너지의 방출은 엄청난 압력을 만들어 바위나 콘크리트를 부술 정도의 힘을 낸다. 예를 들자면 초코칩 쿠키가 더 많은 에너지를 갖고 있지만 TNT는 더 높은 파워를 갖고 있다. (비유를 들자면 장거리 달리기 선수는 더 먼 '거리'를 달리지만, 속도는 단거리 선수가 더 빠른 것과 같다.)

TNT 1g은 1kcal(킬로칼로리) 정도의 에너지밖에 없지만, 초코칩 쿠키 1g (우리가 사랑하는 초콜릿, 버터, 설탕 덩어리 과자 말이다)은 5kcal나 된다.

초코칩 쿠키로 어떻게 차를 부술 수 있냐고? 아, 그림처럼 거기다 도화선을 꽂고 불을 붙이는 건 아니다. 10대 애들에게 초코칩 쿠키 한 봉지를 먹인 후에 망치를 쥐어 주고는 가서 알아서 하라고 하면 된다. TNT처럼 금방 끝낼 수는 없어도 훨씬 철저하게 부술 수는 있을 거다.

차를 부숴 버리고 싶다고?
초코칩 쿠키 한 봉지는 TNT 하나보다
5배는 더 많은 에너지를 갖고 있다.

말보다 느린 태양전지 자동차

해가 머리 바로 위에 떠 있을 때 태양빛은 $1m^2$에 1kW의 에너지를 전달한다. (여러분이 살 수 있는) 제일 좋은 태양전지는 그중 20퍼센트 정도를 전기로 변환할 수 있다. 계산해 보면 200W니까 4분의 1마력* 정도 된다. 그나마 반 마력이라도 얻으려면 $2m^2$의 태양전지가 필요한데, 그것도 태양전지가 태양을 똑바로 향하고 있고 날씨가 맑아야 한다.

요즘 차들은 보통 일반 주행 시에는 20마력, 가속 시에는 100마력 이상을 낸다. 그에 비하면 반 마력짜리 태양전지 자동차는 거의 골골대는 수준이다.

NASA에서는 우주선에 초고효율 태양전지를 사용한다. 상용 제품보다 2배나 효율이 높은데, 다만 $1m^2$에 10만 달러 정도한다. 수십억 달러짜리 우주선에는 쓸 만할지 몰라도 차에 쓰기엔 비싸도 너무 비싸다. 게다가 그런 물건을 쓰더라도 얻을 수 있는 건 최대 1마력이다.

---

*마력(horse power) : 공학상의 동력 단위로, 일을 할 수 있는 능력의 단위를 말한다. 1마력(HP)은 1초 동안에 75kg의 중량을 1m 움직일 수 있는 일의 크기를 말한다. – 옮긴이

태양전지 자동차를 몰고 싶으신가?
그렇다면 1마력도 안 되는 엔진에 만족해야만 한다.

거울과 홀로그램 거울과 홀로그램의 원리를 알아보자.

홀로그램에서는 레이저가 표면을 비추면 전자가 움직인다. 그리고 움직이는 전자는 빛을 만들고 그것 때문에 우리는 그 자리에 없는 물체를 보게 된다.

거울에서는 물체에서 반사된 빛이 표면을 때려 전자가 움직인다. 그리고 움직이는 전자가 빛을 만들고 마찬가지로 그 자리에 없는 물체를 보게 된다.

설명이 거의 똑같다. 그럼 왜 사람들은 홀로그램은 신기해하면서 거울은 신기해하지 않을까? 그건 그저 거울이 너무 흔하기 때문이다. 수백 년 전까지만 해도 질 좋은 거울은 비싸고 귀해서 지금보다 훨씬 가치가 있었다. 성경에 나오는 "거울을 통해 어렴풋이(through a glass darkly)"(고린도전서 13장, 잉그마르 베르히만의 영화 제목이기도 하다)라는 구절을 보면 당시 거울이 얼마나 조악했는지 엿볼 수 있다. 그에 비하면 오늘날의 거울은 기적 같은 물건이다.

요즘의 거울은 엄청 대단해서 거울의 방을 만들면 사람들을 완전히 헷갈리게 만들어 버릴 수 있다. 마술사들도 거울 마술을 할 때 잘 만든 거울의 반사된 상과 실제를 사람들이 잘 구분하지 못한다는 점을 이용한다. 거울이 만드는 상은 홀로그램보다 훨씬 훌륭하다. 그러니 이제 거울을 볼 땐 이 놀라운 하이테크 장치에 즐거움을 느껴 보시라.

홀로그램은 특이하고 신기한 걸로 여겨지는 것 같다.
그런데 거울은 왜 특이하고 신기하게 보지 않는 걸까?

파력 TW는 1,000GW인데 대형 발전소 1,000개 분량의 에너지다. 꽤 많은 양처럼 보이지만 지구 전체의 에너지 수요는 약 14TW다. 1TW의 에너지를 가진 파도가 있어서 그걸 전부 다 뽑을 수 있다고 해도 우리가 필요한 양의 7퍼센트밖에 되지 않는다. 그에 비해, 지표에 도달하는 태양 에너지는 약 5만TW 정도다.

파력(波力, wave force.)은 바다에 인접한 마을의 지역 발전에는 가치가 있을 수 있다. 파력을 이용할 때 어려운 점은 해수와 같은 부식성 액체에서 기계 장치를 유지하는데 드는 비용이 만만치 않다는 점이다. 배를 정비하는 사람들에게 물어보라. 최근까지 세계에서 가장 큰 파력 발전소는 포르투갈 해안에서 5km 정도 떨어진 아구카도라 파력 단지(Aguçadoura Wave Park)였다. 각각 길이 140미터의 750kW 발전기 3대로 되어 있어 전체 2.25MW의 전기를 생산해 왔다. 하지만 지금은 베어링에 문제가 생겨 발전 설비를 해안으로 가져온 상황이다. 다른 발전기와 비교하자면, 독일에서 가장 큰 풍력 터빈(98페이지)은 터빈 하나로 8MW를 생산하며, 원자력 발전소는 1,000MW를 생산한다.

해안을 때리는 파도의 에너지는 TW 규모다.
대단한 것 같지 않은가?
하지만 전체를 재생에너지로 바꿀 수 있다고 하더라도
인간이 필요로 하는 양에 비하면 너무 적다.

리처드 뮬러의 그림으로 배우는

물리학

| 펴낸날 | 초판 1쇄 2014년 10월   5일 |
| | 초판 3쇄 2016년   5월 24일 |

지은이	리처드 뮬러
옮긴이	장종훈
펴낸이	심만수
펴낸곳	(주)살림출판사
출판등록	1989년 11월 1일 제9-210호

주소	경기도 파주시 광인사길 30
전화	031-955-1350 팩스 031-624-1356
홈페이지	http://www.sallimbooks.com
이메일	book@sallimbooks.com

ISBN   978-89-522-2939-7   43400
살림Friends는 (주)살림출판사의 청소년 브랜드입니다.

이 도서의 국립중앙도서관 출판시도서목록(CIP)은 서지정보유통지원시스템 홈페이지
(http://seoji.nl.go.kr)와 국가자료공동목록시스템(http://www.nl.go.kr/kolisnet)에서
이용하실 수 있습니다.(CIP제어번호: CIP2014026849)